U0332240

区域环境气象系列丛书

丛书主编：许小峰

丛书副主编：丁一汇 郝吉明 王体健 柴发合

京津冀雾和霾预报

李江波 杨晓亮 连志鸾 何丽华

许 敏 郭鸿鸣 朱 刚 赵瑞金　著

气象出版社
China Meteorological Press

内 容 简 介

　　本书针对国家大气污染防治行动计划和京津冀协同发展重大需求，将雾、霾的基本原理与预报实践相结合，应用京津冀近 60 多年的气象资料及典型雾、霾天气个例，对雾、霾天气的预报技术和预报方法进行系统深入研究。详细阐述京津冀雾、霾的时空分布特征，以及不同类型大雾的生消机制及其预报思路；从京津冀地形对雾、霾的影响层面，建立京津冀雾、霾天气概念模型与预报思路；总结京津冀雾、霾的客观预报方法及其污染物特征；精选京津冀典型大雾及重污染（霾）个例解析雾、霾预报的新技术和新方法。

　　本书既可为各地预报员进行雾和霾预报提供技术支撑，也可为广大气象和环境工作者切实做好京津冀协同发展的气象预报和服务工作提供权威的科学依据，还可供相关领域的教学人员和本科生参考。

图书在版编目（CIP）数据

　　京津冀雾和霾预报 / 李江波等著. --北京：气象出版社，2020.12

　　（区域环境气象系列丛书 / 许小峰主编）

　　ISBN 978-7-5029-7329-2

　　Ⅰ.①京… Ⅱ.①李… Ⅲ.①雾-天气预报-华北地区②霾-天气预报-华北地区 Ⅳ.①P457

　　中国版本图书馆 CIP 数据核字（2020）第 229757 号

京津冀雾和霾预报
JING JIN JI WU HE MAI YUBAO

出版发行：气象出版社	
地　　址：北京市海淀区中关村南大街 46 号	**邮政编码：**100081
电　　话：010-68407112（总编室）	010-68408042（发行部）
网　　址：http://www.qxcbs.com	**E - m a i l：**qxcbs@cma.gov.cn
责任编辑：黄海燕	**终　　审：**吴晓鹏
责任校对：张硕杰	**责任技编：**赵相宁
封面设计：博雅锦	
印　　刷：北京地大彩印有限公司	
开　　本：787 mm×1092 mm　1/16	**印　　张：**14.25
字　　数：365 千字	
版　　次：2020 年 12 月第 1 版	**印　　次：**2020 年 12 月第 1 次印刷
定　　价：128.00 元	

丛书前言

打赢蓝天保卫战是全面建成小康社会、满足人民对高质量美好生活的需求、社会经济高质量发展和建设美丽中国的必然要求。当前，我国京津冀及周边、长三角、珠三角、汾渭平原、成渝地区等重点区域环境治理工作仍处于关键期，大范围持续性雾/霾天气仍时有发生，区域性复合型大气污染问题依然严重，解决大气污染问题任务十分艰巨。对区域环境气象预报预测和应急联动等热点科学问题进行全面研究，总结气象及相关部门参与大气污染治理气象保障服务的经验教训，支持国家环境气象业务服务能力和水平的提升，可为重点区域大气污染防控与治理提供重要科技支撑，为各级政府和相关部门统筹决策、适时适地对污染物排放实行总量控制，助推国家生态文明建设具有重要的现实意义。

面对这一重大科技需求，气象出版社组织策划了"区域环境气象系列丛书"（以下简称"丛书"）的编写。丛书着重阐述了重点区域大气污染防治的最新环境气象研究成果，系统阐释了区域环境气象预报新理论、新技术和新方法；揭示了区域重污染天气过程的天气气候成因；详细介绍了环境气象预报预测预警最新方法、精细化数值预报技术、预报模式模型系统构建、预报结果检验和评估成果、重污染天气预报预警典型实例及联防联动重大服务等代表性成果。整体内容兼顾了学科发展的前沿性和业务服务领域的实用性，不仅能为相关科技、业务人员理论学习提供有益的参考，也可为气象、环保等专业部门认识和防治大气污染提供有效的技术方法，为政府相关部门统筹兼顾、系统谋划、精准施策提供科学依据，解决环境治理面临的突出问题，从而推进绿色、环保和可持续发展，助力国家生态文明建设。

丛书内容系统全面、覆盖面广，主要涵盖京津冀及周边、长三角、珠三角区域以及东北、西北、中部和西南地区大气环境治理问题。丛书编写工作是在相关省（自治区、直辖市）气象局和环境部门科技人员及相关院所的全力支持下，在气象出版社的协调组织下，以及各分册编委会精心组织落实下完成的，凝聚了各方面的辛勤付出和智慧奉献。

丛书邀请中国工程院丁一汇院士（国家气候中心）和郝吉明院士（清华大学）、知名大气污染防治专家王体健教授（南京大学）和柴发合研究员（中国环境科学研究院）作为副主编，他们都是在气象和环境领域造诣很高的专家，为保证丛书的学术价值和严谨性做出了重要贡献；分册编写团队集合了环境气象预报、科研、业务一线专家约260人，涵盖各区域环境气象科技创新团队带头人和环境气象首席预报员，体现了较高的学术和实践水平。

丛书得到中国工程院院士徐祥德（中国气象科学研究院）和中国科学院院士张人禾（复旦大学）的推荐，第一期（8册）已正式列入 2020 年国家出版基金资助项目，这是对丛书出版价值和科学价值的极大肯定。丛书的组织策划得到中国气象局领导的关心指导和气象出版社领导多方协调，多位环境气象专家为丛书的内容出谋划策。丛书编辑团队在组织策划、框架搭建、基金申报和编辑出版方面贡献了力量。在此，一并表示衷心感谢！

　　丛书编写出版涉及的基础资料数据量和统计汇集量都很大，参与编写人员众多，组织协调工作有相当难度，是一项复杂的系统工程，加上协调管理经验不足，书中难免存在一些缺陷，衷心希望广大读者批评指正。

许小峰

2020 年 6 月

许小峰，正高级工程师，博士生导师，中国气象局原副局长，现任中国气象事业发展咨询委员会常务副主任。

本书前言

浓雾导致的低能见度会严重影响陆地、海洋、航空运输业安全；大雾中的污染物和水分导致污闪发生，会造成大面积停电，影响电力供应；雾、霾日的强逆温，使污染物质积聚，严重损害人体健康。总之，雾和霾直接或间接地影响着人们的日常生活，一直被气象学界、环保学界、医学界、政府和公众所关注。

20世纪90年代后期开始，随着高速公路网、海运、航空及国民经济的快速发展，雾的预报需求越来越多，雾的预报逐渐被重视，成为气象系统的重要业务。与暴雨、冰雹、大风等其他灾害性天气相比，雾的相关内容在传统经典的天气学教科书及各省（自治区、直辖市）预报员手册中虽有涉及，但都比较少。而霾的预报业务，是在空气污染物观测网建立和空气质量标准国际化之后的2013年以后才开始的，起步更晚。

近20多年来，珠三角、长三角、京津冀三大城市群快速崛起，成为我国东部经济最发达的三个中心。京津冀地区被燕山和太行山半环抱，特殊的地理位置使得雾和霾发生频次在三个城市群中最高，污染状况尤为突出，成为京津冀地区秋冬季主要的灾害性天气，因此雾和霾的预报与服务也是气象业务的重点和难点。

雾和霾的预报服务需求促进了雾和霾研究与预报水平的长足进步。雾、霾的研究涉及微物理学、气溶胶化学、辐射、湍流、大/中小尺度动力学、地表条件、数值模拟等多方面，但雾和霾预报技术方面的文献和专著还是比较少，对于大部分预报业务人员来说，有一本雾/霾预报技术手册至关重要。基于此，河北省气象台李江波带领的雾/霾研究团队把近些年团队有关京津冀雾和霾研究成果进行了梳理和总结，编纂成册。紧紧围绕雾和霾的预报问题，把雾、霾的基本理论和实际预报业务与实践相结合，是本书的一个特色。

本书共8章，第1章"雾概述"由李江波、何丽华撰写；第2章"京津冀雾的统计特征"由李江波、朱刚撰写；第3章"京津冀秋冬季连续性大雾的特征与预报"由李江波撰写；第4章"京津冀夏季雾的特征与预报"由许敏、何丽华撰写；第5章"京津冀主要大雾类型与预报思路"由李江波、郭鸿鸣、许敏撰写；第6章"大雾的数值模拟、新资料应用与客观预报方法研究"由李江波、赵瑞金、杨晓亮撰写；第7章"京津冀霾和污染物的统计特征"由杨晓亮撰写；第8章"京津冀霾天气特征与预报"由杨晓亮、连志鸾撰写。全书由李江波统稿并多次修改，连志鸾审阅后最终成册。

对天气个例进行总结和研究，是天气研究不可缺少的方法，也是预报员提高预报水平、快速成长的捷径，为了方便科研人员和预报员研究总结，特从河北省气象台大雾天气个例库（共 441 个）选取了 99 个各种类型的大雾天气个例，以图表方式把大雾个例的雾区分布、强度、类型、主要天气形势、探空图等列于附录中。附录由河北省气象灾害防御中心的钱倩霞、张家口市气象局的张曦丹、内蒙古自治区气象台的隋沆睿、齐齐哈尔市气象局的王永超、石家庄市气象局的李禧亮协助整理。此外，本书的部分图表由张叶、段宇辉及廊坊市气象局的黄浩杰重新绘制，天气个例资料由孙卓、曾建刚整理。

本书在编写过程中得到了领导、同事以及多位专家、学者和气象出版社黄海燕编辑的大力支持与帮助，在此仅向他们表示真诚的谢意！本书的出版得到了河北省科技冬奥专项"冬奥会崇礼赛区赛事专项气象预报关键技术（19975414D）"、科技部科技冬奥项目子课题"冬奥赛场定点气象要素客观预报技术研究及应用（2018YFF0300104）"、北京市自然基金重点项目"京津冀城市群边界层结构特征对区域重霾污染的影响研究（8171022）"的资助。

由于作者水平有限，书中难免有错误和不足之处，希望读者批评指正，以便今后改正。

河北省气象台 李江波

2020 年 8 月 30 日

目 录

第1章

雾概述

1.1 雾的基础知识

1.1.1 定义

雾是由于大量气溶胶粒子、微小水滴或冰晶悬浮于空中，使近地面水平能见度降到 1 km 以下的天气现象。雾中的水滴或冰晶，直径一般在 $5\sim50~\mu m$，典型的雾滴直径多为 $10\sim20~\mu m$（Roach，1994）。从气象角度看，云和雾实质是一样的，如果云底降到地面，就是雾。因此，也可以说雾是接地的层云。

1.1.2 几个与雾相关的基本概念

（1）辐射

辐射是通过大气传播的一种能量形式。所有非绝对零度的物体都会发出分子振荡产生辐射。所有物体也吸收辐射。对雾很重要的主要辐射形式是太阳短波辐射和地球长波辐射。

（2）传导

传导是指通过一种或多种彼此接触的物质传递热能。热量从高温区域转移到低温区域。

（3）对流

对流是指流体在运动中热量转移的过程。在大气中，对流是由暖的（较轻的）空气向上的质量运动产生的。

（4）夹卷

夹卷是指将干燥的空气混合到云中，通常是在云的边缘。它是由湍流混合产生，因在云的边缘或附近的风切变而增强。

（5）混合边界层（混合层）

混合层是指与地球表面接触的大气层，它通过与地表的相互作用而发生湍流混合，使得该层内位温、水汽等要素随高度均匀分布。

1.1.3 逆温

在对流层，一般情况下，气温随高度的增加而降低，但在一定条件下，也会出现气温随高度的增加而上升，这种现象叫作逆温。逆温是雾和霾发生的重要条件之一。逆温按成因不同，可分为辐射逆温、下沉逆温、锋面逆温、平流逆温和地形逆温。

（1）辐射逆温

经常发生在晴朗无云的夜晚，由于地面有效辐射很强，近地面层气温迅速下降，而高处大气层降温较少，从而出现上暖下冷的逆温现象（图1.1）。这种逆温在黎明前最强，日出后自上而下消失。辐射逆温的厚度可达几十米至几百米，在极地可达数千米。

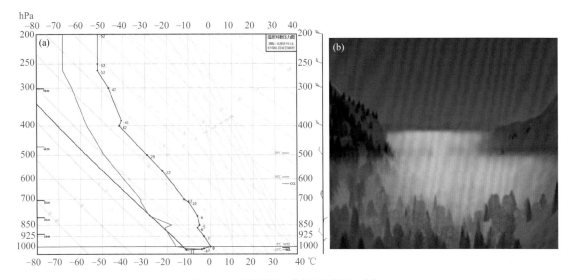

图 1.1 辐射逆温 (a) 及辐射雾 (b)

（2）下沉逆温

在高压控制区，高空存在着大规模的下沉气流，由于气流下沉的绝热增温作用，致使下沉运动的终止高度出现逆温。这种逆温多见于反气旋区，尤其是冷空气影响过后的高压区。它的特点是范围大、不接地，而出现在某一高度上。图1.2a，b分别给出了下沉逆温开始之前和逆温建立后的探空曲线。注意到，与逆温层（1000～950 hPa）相对应的层次，露点温度迅速减小。图1.2c，d分别为2019年12月31日08时张家口下沉逆温的探空图和烟柱表现状态，可见在下沉逆温下，向上的烟柱终止于逆温层下（850 hPa），并向南北扩散。

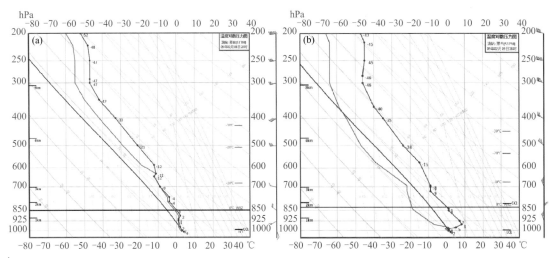

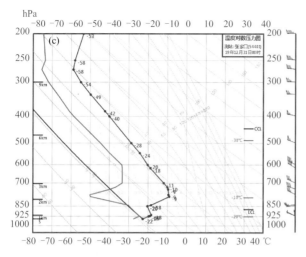

图 1.2　下沉逆温及发展过程（a. 2009 年 2 月 8 日 20 时邢台探空；
b. 2009 年 2 月 9 日 08 时邢台探空；c. 2019 年 12 月 31 日 08 时张家口探空；　d. 2019 年
12 月 31 日 08 时下沉逆温下对应的烟柱（陈子建、李江波摄于张家口崇礼区，崇礼区海拔 1249 m））

（3）锋面逆温

在锋区附近，因为锋的下部是冷气团，上部是暖气团，所以自下而上通过锋区时，出现气温随高度增高而增加的现象，称锋面逆温。锋面逆温的逆温层随锋面的倾斜而成倾斜状态。又由于锋是从地面向冷空气方向倾斜的，因此，锋面逆温只能在冷气团所控制的地区内观测到，在温湿廓线上表现为：在逆温层内，同时出现"逆湿"，即露点温度也随高度升高（图 1.3b，d）。锋面逆温离地的高度与观测点相对于锋线的位置有关，距地面锋线越近，逆温层的高度越低；反之越高。

（4）平流逆温

暖空气水平移动到冷的地面或气层上，由于暖空气的下层受到冷地面或气层的影响而迅速降温，上层受影响较少，降温较慢，从而形成逆温。平流逆温多出现在秋、冬季或春季，在一天中的任何时候都可能出现。冬季海洋上来的气团流到冷的下垫面上，或秋季空气由低纬度流到高纬度时，都有可能产生平流逆温。图 1.4 给出了华北平原一次平流逆温过程的探空曲线。

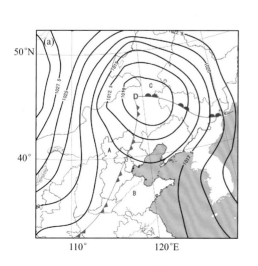

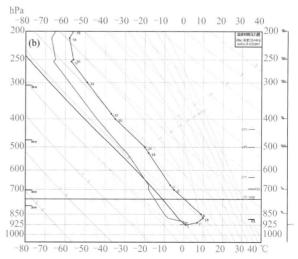

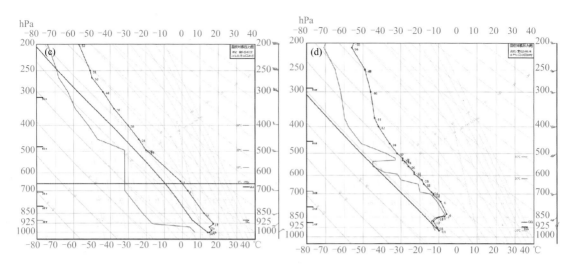

图 1.3 锋面逆温

（a.海平面气压及冷暖锋；b、c、d 分别为 A、B、C 三点对应的探空图）

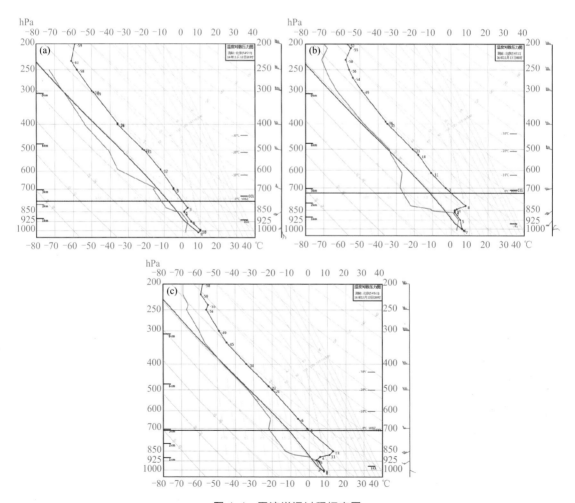

图 1.4 平流逆温过程探空图

（5）地形逆温

地形逆温主要由地形造成，发生在盆地和山谷中。就山谷或盆地而言，太阳落山之后，由于地面的长波辐射冷却作用，靠近地面的空气层会变冷，如果地面倾斜，根据重力，冷空气就开始向地势较低的地方移动，聚集在山谷或盆地底部，这种冷空气的聚集被称为冷空气湖、冷湖或冷池，谷底原来的暖空气被抬升到谷底上空，形成暖带，于是形成谷底到暖带的地形逆温（图1.5）。

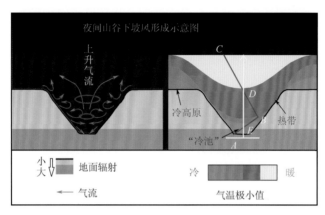

图 1.5　地形逆温示意图

1.1.4　雾的分类

雾的分类比较复杂，有多种分类方法。早期，基于 Willett（1928）的研究，Byers（1959）修正后，主要依据雾形成的物理过程及相关的形成环境，将雾分为11类。国外研究较多的雾类型有：辐射雾（Taylor，1917；Lala et al.，1975；Roach et al.，1976；Pilie et al.，1975；Findlater，1985；Turton et al.，1987；Fitzjarrald et al.，1989；Bergot et al.，1994；Roach，1995a；Duynkerke，1999）、高逆温层雾（Holets et al.，1981；Underwood et al.，2004）、平流辐射雾（Ryznar，1977）、平流雾（Taylor，1917；Findlater et al.，1989；Klein et al.，1993；Roach，1995b；Croft et al.，1997；Cho et al.，2000）、蒸发雾（Saunders，1964；Qkland et al.，1995）、锋面雾（George，1940a，b，c；Byers，1959；Petterssen，1969）、上坡雾等。

国内学者李子华等（2012）将雾分为四类：冷却雾、蒸发雾、混合雾和吸湿雾。冷却雾主要有辐射冷却、平流冷却、上坡冷却三种。孙奕敏（1994）采用如表1.1所示的方法分类。

表 1.1　雾的种类及划分依据

划分依据	名称
形成雾的天气系统	气团雾、锋面雾
雾形成的物理过程	冷却雾(辐射雾、平流雾、上坡雾)、蒸发雾(海雾、湖雾、河谷雾)
雾的强度	重雾、浓雾、中雾、轻雾
雾的厚度	地面雾、浅雾、中雾、深雾(高雾)

划分依据	名称
雾的温度	冷雾、暖雾
雾的相态结构	冰雾、水雾、混合雾

若要在边界层形成任一类型的雾，温度和露点必须相互接近。可以通过增加边界层的湿度或降低温度来达到饱和而实现。通过发生饱和的过程可以区分正在发生的雾的类型。

下面简单介绍几类雾。

（1）辐射雾。与地面接触的大气冷却，导致相对湿度增加，如果温度降到露点，辐射雾就会在边界层形成。

（2）平流雾。空气从温暖的陆地表面向上移动，并在较冷的水面上移动。当温暖的空气在水面上移动时，它就会冷却，在低层的空气中也可能会引入一些水分，但主要的过程是将空气冷却到露点，以便形成雾。

（3）蒸发雾。一个非常冷的气团在陆地表面发展，并在暖水面上移动时，水蒸发到空气中，水分增加，在低层形成雾。

（4）爬坡雾。斜坡或地形引起的雾。当潮湿的空气沿上坡地形被强迫抬升，由于空气绝热上升和冷却，温度下降到露点，沿斜坡某处可以形成雾或层云。

（5）雨雾。是指降水通过冷的边界层时，蒸发冷却达到饱和所形成的雾。这是一种通过降水导致边界层饱和的机制。一方面降水增湿了边界层，另一方面因为降水蒸发，从空气中吸收潜热，导致边界层大气被冷却。

1.1.5 雾形成的关键点

（1）边界层内大气降温或增湿

通过降温或增湿使边界层内大气饱和。

（2）边界层内逆温层形成、维持、发展

逆温层的存在，使边界层与自由大气隔绝，一是可以阻止垂直湍流将上部干空气卷入雾顶部，而使雾层变薄或消散；二是有利于水汽和气溶胶粒子在低层聚集。

1.2
辐射雾

1.2.1 辐射雾的定义

辐射雾是由地面及其附近的夜间红外辐射降温引起，通常发生在晴朗、微风、低层潮湿的天气条件下。

1.2.2　辐射雾生成的前提条件

（1）关键因子

辐射雾所需的低层关键条件包括：水汽、快速冷却、静风或微风。低层反气旋（高压）通过抑制地面风和下沉运动使中高层空气变得更干，中高层干燥的空气可增强近地层的辐射冷却效果，从而为辐射雾的发展创造有利条件。

除非边界层有足够的湿度条件，否则辐射雾是不可能形成的。这类水汽可以通过湿源地进入某一区域，也可通过白天从湿地等地表蒸发而来。

（2）关键过程

① 辐射冷却

白天加热结束后，边界层上方的干燥条件会加速地面及其附近的辐射冷却。当天空阴云密布时，大部分辐射被二氧化碳、水蒸气和云滴吸收或反射回地球，因此发出的辐射不到 10%。然而，在晴朗的天空，地面的长波辐射量高达 $20\%\sim30\%$，导致近地层大气降温迅速。

因为风会产生湍流混合，因此在静风或微风的情况下，地面的辐射冷却会实现最大化。当辐射外泄时，地表迅速冷却，导致大气中最低的几米处冷却，形成浅层的地基逆温。如果空气中有足够的水汽，加上地面有足够的冷却，低层空气最终会达到饱和。

当下午的温度越低，越接近露点温度时，在晴朗的夜晚达到饱和所需的时间就会缩短。

② 稳定层结形成

随着冷却的继续，地表附近的水蒸气开始凝结成露水或霜。这一过程使最低几米处的大气变干，而微弱的湍流扩散继续将潮湿的空气输送到地表。一般来说，在潮湿的热带地区，逆温较弱且较浅。较高的水蒸气含量意味着较少的辐射冷却。该层的持续冷却使其变得越来越稳定，并且抵抗表面附近的弱湍流混合（这里所说的"湍流混合"指的是小尺度混合，如几厘米，而不是由风引起的混合）的影响。最后，近地面的湍流完全停止，并随之在表面形成露水或霜。随着冷却的持续，地面正上方饱和层中多余的水蒸气开始冷凝成雾滴。

（3）次要因子：地表热交换

不同的地表面冷却速度，取决于地表类型和地表下的导热系数。高导热率的表面，如路面，在黄昏后冷却得更慢，因为热量会通过地面向上传导，抵消了表面的辐射冷却。草地的导热率低于路面，因此它冷却得更快，使与其接触的空气更快地达到饱和。

土壤的导热系数也很大程度上取决于其含水量。在白天，潮湿土壤不像干燥土壤那么热，因为它更容易传导热量，而且湿土壤吸收的太阳能中有很大一部分有助于蒸发。此外，白天加热结束后，夜间湿土比干土冷得更快。

地表积雪通常有助于辐射雾生成，有三个主要原因：第一，雪面比其他表面吸收的太阳辐射要少得多，被吸收的能量一部分用于融化或升华，抑制了下午的升温；第二，雪盖也使地面在夜间隔离，限制了雪盖下热量的上升；第三，夜间辐射冷却在雪盖上的冷却速度比土壤或植物表面更快。

然而，在低层湿层较浅薄的情况下，积雪的存在也会抑制雾的形成。由于冰晶周围的水汽压比水滴小，快速冷却会导致霜冻发展而消耗雾滴，并耗尽边界层内形成雾所需的多余水汽。

1.2.3 辐射雾的形成和发展

辐射雾的形成和发展阶段，即为雾层在水平方向和垂直方向的生成和扩展。这一阶段的关键过程是辐射冷却、雾层形成和地表面热通量传输。

（1）辐射冷却

在形成雾的过程中，辐射冷却作用使得地面上方的空气变得过饱和，雾滴通过凝结形成。在潮湿的热带地区，由于水汽含量较高，辐射冷却较小，因此逆温通常比中纬度地区弱。在靠近海洋或有污染的地方，有利于早期雾的形成，这是由于一些吸湿的凝结核存在，如海盐粒子，在饱和值低于100%时是活跃的，雾滴的形成可以发生在过饱和之前。

（2）雾层形成

在雾形成的初始阶段，地表和附近的温度继续下降，直到雾的深度达到几米，当深度足以开始吸收来自地表的辐射并向地面返回一定的辐射，这时近地层的冷却速度将减缓，于是雾顶成为辐射冷却和凝结过程最活跃的地方，雾层将向上发展。

根据地表成分的不同，地面可能会继续向地表传导热量。当它变得比它上面的空气更热时，微弱的低层对流就会激活，导致近地表逆温层底抬升。同时，随着雾的加深，越来越少的辐射能够从地表面和雾层的下部逃逸出来。当雾覆盖了低层，限制了辐射热量的损失，近地面的雾可以保持一个几乎恒定的温度。

（3）地表面热通量传输

地表组成的多样性，包括土壤类型、植被和其他因素，会导致湿度和辐射冷却速率的局部变化。因此，辐射雾的初始阶段是分散和不连续的。由于地面向上的热通量降低了地面的局部相对湿度，所以在高导热率表面（如路面），夜间辐射雾形成迟缓，而在导热系数较低的表面（如雪盖或草地）上则加速形成。

1.2.4 辐射雾的维持

在维持阶段，重要的一点是雾层要保持相对恒定的厚度。这一阶段的特点是几种相对立的因子之间取得动态平衡。这几个因子是：雾顶辐射冷却、液滴沉降和雾顶混合。另外，凝结核浓度、覆盖的云层以及地表面热导率也是影响雾持续的重要因素。

在雾顶附近有逆温。逆温层的底部通常位于雾顶以下约 50 m 的地方。逆温层的顶部就在雾顶的上方。在雾的维持阶段，雾顶凝结平衡着蒸发和雾滴沉降过程，以保持雾层的深度。雾顶辐射冷却在雾滴向下沉降时补充了液滴的供给，甚至加强了逆温，加深了雾层。另一方面，由于风通常随高度增加，雾顶之上的湍流混合会将上层的干空气夹卷到雾层，削弱逆温，降低雾顶。当这两种机制平衡时，雾不再向上发展而维持在一定高度。

（1）雾顶辐射冷却

雾顶的辐射热损失增加了那里的相对湿度，这既支持了液滴的生长，也支持了新液滴的形成。雾顶凝结是辐射雾保持其深度或加深的手段。当雾层以上相对干燥、风较弱、没有云层覆盖时，辐射热损失最大。在晴朗的夜晚，雾顶辐射热损失的速度要比在大气最低的几米处快得多。

（2）雾顶混合

在雾顶通过湍流混合将其上干燥的空气夹卷下来，蒸发液滴，使得雾层降低。在雾层顶部及上方垂直风速切变越大，这一过程就越强。

（3）云层覆盖

在白天，中高层云层的出现有助于维持辐射雾。这是由于云层可减少到达地面的太阳辐射，防止地表变暖，同时也可以使得雾层的较低部分保持较高的相对湿度。然而，雾上覆盖云层的高度越低，越能减少雾顶的辐射冷却和凝结物的产生，从而导致雾层减弱。

（4）凝结核

当有较高浓度的活性凝聚核时，雾更有可能是由大量的小液滴组成，而不是由少量的大液滴组成。高浓度的小液滴严重降低了能见度。最活跃的凝结核，如海盐，是吸湿性的，或"水溶性"的。另外，空气污染物也可以起到凝结核的作用。一些最浓密的雾，如工业时代伦敦的黄色浓雾，与空气中高浓度的微粒有关。

（5）表面热传导

潮湿的地面或积雪的存在可以延长雾的维持期。积雪降低了地表的导热系数，限制了热量向地表传递。另外，雪盖也反射出比其他地表类型更多的太阳辐射，从而减缓了日出后白天的变暖。

1.2.5　辐射雾的消散

有以下几个因素影响辐射雾的消散：地表附近和雾层内的辐射加热、雾滴沉降、雾顶湍流混合。另外，风和云层的变化也会影响消散。

（1）消散时间

辐射雾消散阶段，是指雾的高度、覆盖范围和强度减小的过程。这一阶段的持续时间可以从不到一个小时到半天不等。典型的情况是消散阶段持续几个小时，因为大多数雾是相对浅薄和短暂的。一些雾消散时间超过一天的事件，通常发生在地理位置较特殊的地区，比如山谷。因季节不同导致的太阳高度角、平均风速、积雪、地面湿度和植被等因素不同，也会影响消散时间。

（2）地表的辐射加热

辐射加热的主要来源是太阳。白天，即使有雾层存在，太阳的短波辐射也会被地面吸收。当地面变暖时，它通过传导加热与表面接触的薄薄的空气。这种热量引发弱对流混合，开始使雾层的最低部分变暖。这一层的相对湿度开始下降，减缓了雾滴的形成，最终蒸发了现有的雾滴。随着雾层变薄，变暖过程加快，使更多的太阳辐射到达地面。在中等强度的阳光下，雾层或低云的底部可以每小时几百英尺（1英尺＝0.3048 m，下同）的速度上升。

（3）雾层内部的辐射加热

虽然太阳辐射的主要影响发生在对流混合过程中，但二次加热过程也会导致雾的消散。雾层中的二氧化碳和水蒸气吸收并再释放出一些来自地球的辐射。空气吸收热能时变暖，温度上升，相对湿度下降。

（4）雾滴沉降

不管大小如何，所有的雾滴都会不断地沉淀下来。当雾滴生成速率低于沉降速率时，雾的高度减小。雾滴大小不同，较小的雾滴沉降速度比较大的雾滴要慢。直径小于 $20~\mu m$ 的平均雾滴将以 $1~cm/s$ 的速度沉降。因此，在大雾维持阶段结束后，最初 $30~m$ 高度的雾应在大约 $1~h$ 内沉降到地面。这将导致能见度快速改善。而在真实的大气中并非如此，长时间维持的雾是逐渐减弱的，能见度的改善也是缓慢的。

（5）雾顶的湍流混合

雾层之上的逆温往往伴随着一层显著的垂直风切变。逆温的底部通常在雾顶以下约 $50~m$ 处。雾层顶部的湍流混合可以将其上温暖干燥的空气夹卷到雾层，在降低该层相对湿度的同时，使得逆温层下降。逆温层越弱，这一过程就越强。

（6）风速变化

中层到低层的强风会导致雾在雾顶和近地面消散。在雾的顶部，风卷起温暖干燥的空气从高空进入雾中。在地表附近，风会使近地层的暖空气与上面的雾混合。两者都能促进雾滴蒸发，从而提高能见度。雾层上方的冷平流也可以通过减弱雾顶逆温来消散雾，从而增强混合过程。

（7）夜间云的影响

在夜间，当已经形成的雾层上方没有云时，雾顶的辐射降温是最快速的。如果有中云或较厚的高云出现，则雾顶的辐射冷却将会减弱，因为较少的辐射能够逸出大气。这种效应可以减慢新的液滴形成的速率，有助于消雾。

1.3
平流雾

1.3.1 平流雾的定义

暖空气移动到冷的下垫面所形成的雾称为平流雾。平流雾可在一天的任何时间出现，可以和低云相伴，陆地上出现平流雾时常伴有层云、碎雨云和毛毛雨等天气现象，并且持续时间较长，日变化不如辐射雾明显；通常平流雾的高度比辐射雾高，可达 $600\sim700~m$，有的甚至可达 $900~m$。平流雾多出现在沿海地区，在京津冀平原地区，平流雾也时有发生。

1.3.2 平流雾的形成条件

风速条件：贴地层风速适中，一般在 $2\sim7~m/s$。

冷却条件：平流过来的暖湿空气与冷地表之间的温差越大，低层冷却越大，平流逆温越强，越有利于平流雾形成。

湿度条件：平流的暖空气湿度大，水汽含量充沛。

层结条件：稳定层结，平流雾的逆温层通常较高，逆温层形成的主要原因是平流逆温。

天气尺度动力驱动：雾区常位于高空槽前、低层反气旋后部的西南气流中。

1.3.3　平流雾的边界层变化特征

图 1.6 给出了东北大西洋一次平流雾事件中边界层温度和湿度演化过程。图 1.6a 为平流的空气团经过轨迹（白线），数字 1～5 表示气团经过的典型代表位置，海洋表面温度（SST）自南向北降低，图 1.6b～f 分别为图 1.6a 中 5 个位置的探空曲线，表征了平流雾形成的 5 个阶段。

阶段 1：在暖洋面上，边界层内温度层结近中性或轻微的不稳定，中高层温度露点差较大，较干（图 1.6b）。

阶段 2：气团向低海温的洋面移动，边界层低层温度降低，逆温开始形成（图 1.6c）。

阶段 3：边界层低层温度继续下降，低层温度接近露点，相对湿度增大，逆温增强（图 1.6d）。

阶段 4：边界层低层温度冷却至露点，近海面层饱和凝结，逆温更强，浅薄的雾层开始形成（图 1.6e）。

阶段 5：饱和层逐渐加深，雾层增长，雾顶成为新的辐射源，雾层向上发展，雾顶接近 925 hPa（图 1.6f）。

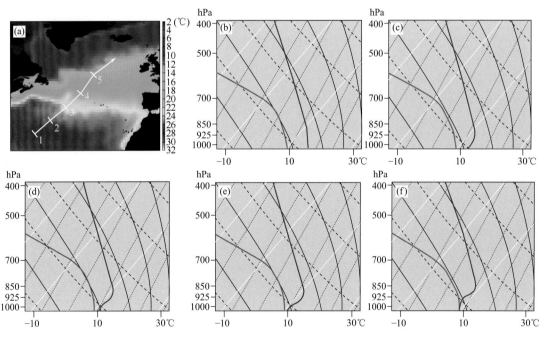

图 1.6　平流雾边界层温湿廓线变化特征（引自 COMET 网站）

（a. 平流气团质点轨迹；b~f. 平流雾不同阶段边界层温湿廓线）

由前面的分析可见，即使在没有水汽平流的情况下，由于边界层冷却，在海洋环境下气团也可以达到饱和。当然，如果有正的水汽平流，会增加形成雾的概率。

对于平流雾，为了达到饱和，下垫面（SST）的温度必须小于空气团的初始露点温度。由于饱和主要是通过冷却实现的，由前面分析可以看到露点变化不大。

图 1.7 给出了另一种平流雾的边界层温湿变化特征。图 1.7a 为美国丹佛典型平流雾探

011

空曲线，注意丹佛的海拔高度约为 1500 m。从地面（850 hPa）到 700 hPa 为逆温层，逆温层为饱和层，逆温层之上为干层，并且逆温层附近有中等强度的风切变，其上风随高度顺转，有暖平流，和 700 hPa 以下冷的回流东风配合，有利于逆温的形成和维持，从而使得其下的湿层维持。

图 1.7b 为本次平流雾形成过程中温湿廓线的变化。随着低层湿冷空气自东向西移动，被地形强迫抬升的同时，低层的大气被冷却，700 hPa 以下温度向露点靠近，逆温开始建立（图 1.7b 右上），冷空气继续东移，控制该地时（图 1.7b 左下），逆温继续加强，湿度加大；在湍流混合的作用下，逆温层内水汽饱和，浓雾形成（图 1.7b 右下）。

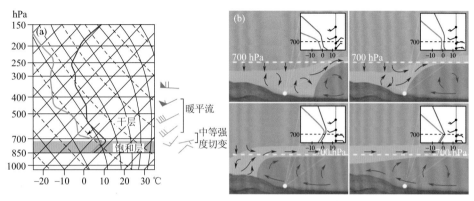

图 1.7　平流雾边界层温湿廓线变化特征（引自 COMET 网站）
（a. 另一种平流雾典型探空曲线；b. 平流雾不同阶段边界层温湿廓线）

1.4
辐射雾和平流雾对比

1.4.1　基本特征对比

持续时间：辐射雾一般持续不到 24 h，通常在下午消散；相反，平流雾可以持续几天。

强度：辐射雾一般在平坦的开阔地靠近水体的地方强度会很强。在平流雾中，强度可以变化，但是强浓雾可以覆盖较大的区域。与辐射雾相比，平流雾强度的变化倾向于更平缓。

范围：辐射雾通常维持在一个地方，可以是零散和局部的。平流雾可以在很大的区域和很远的距离上移动，所以平流雾比辐射雾的影响范围更广。

高度：辐射雾的高度随辐射逆温的高度而变化。其高度偶尔也可以达到平流雾的高度，但它通常倾向于更低，主要因为它是由更多的局部因素形成的。平流雾的高度随边界层厚度的变化而变化，它往往比辐射雾更高，因为它是由动力驱动的，而动力驱动更倾向于天气尺度。在平流雾中，低层风往往会更强，并且会产生更大的湍流和边界层混合，所以平流雾高度更高。

出现时间：辐射雾是在夜间形成的，通常是在深夜或清晨。但是当降水影响到该地区时，它也可以在傍晚早些时候形成。在这种情况下，由于水汽条件较好，相对湿度较高，入夜后辐射冷却开始，可以发现雾形成的时间比典型的辐射雾事件要早得多。平流雾可以在一天中的任何时候形成并进入某一个地区。在沿海地区下午晚些时候或傍晚有发展的趋势，一旦海风形成，就可以看到伴随着向岸气流的发展而形成的平流雾。表 1.2 给出了辐射雾和平流雾的基本特征对比。

表 1.2　辐射雾和平流雾基本特征对比

基本特征	辐射雾	平流雾
持续时间	通常持续时间较短（<24 h），且多在下午消散	可以持续多日
强度	一般在平坦的开阔地靠近水体的地方强度会很强，浓雾区可能是孤立的	从弱到强，覆盖范围大，强度的变化往往渐进式发展
范围	维持在一个地方，可以是零散和局部的	可以平流到很大很远的区域
高度	一般几十米到 200 m，随辐射逆温的高度而变化。其高度偶尔也可以达到平流雾的高度，但通常倾向于更低	随边界层厚度的变化而变化，它往往比辐射雾更高
出现时间	通常是在深夜或清晨形成。但是当降水影响到该地区时，它也可以在夜晚早些时候形成	可以在一天中的任何时候形成，在沿海地区一般傍晚或入夜后即可出现

1.4.2　形成过程对比

辐射雾和平流雾形成过程对比分析如表 1.3 所示。

表 1.3　辐射雾和平流雾形成过程对比

形成过程	辐射雾	平流雾
主导因素	主要是夜间地表及近地层的红外辐射冷却	当暖空气在较冷的下垫面移动时形成的雾。下垫面可以是寒冷的地面、积雪、水或冰，暖气团持续冷却直至达到露点温度
生消过程	原地生消，边界层动力过程和绝热过程可以忽略不计	主要由边界层动力过程和绝热过程组成，包括水汽、温度的平流。生命史主要由天气尺度过程所主导。辐射过程在其生命史中仍然起着一定作用，但并不占主导地位
风速	风速一般在 2.5 m/s 或以下，过强的风会产生更大的湍流，将干燥的空气从雾顶之上夹卷到雾层	可在低层风速小于 5 m/s 的情况下形成，但也可在风速大于 5 m/s 时的情况下形成

1.4.3　前期条件对比

有利于形成辐射雾的前期低层条件包括：静风或弱风；大范围的下沉运动；低层存在湿源（河、湖附近，降水后的潮湿地面，融化的雪面等）；快速冷却机制，如晴朗少云，中高层为干层等。

有利于形成平流雾的前期条件有：由于平流雾是天气尺度的动力驱动而形成，因此边界层内有较强的湍流混合，可以增加湿层的厚度，使湿层发展并变得均匀；平流的气团和下垫面较大的热力差异；地面及其上层大尺度的反气旋风；高空的下沉逆温。

1.4.4 探空曲线对比

典型的辐射雾探空曲线有以下特征：近地层为饱和层（雾层）；下湿上干，即近地面相对湿度大，而中上层相对湿度小；在饱和层之上的下沉逆温导致温度上升，露点下降；边界层内弱风；下沉逆温将近地层饱和层与自由大气隔离（图1.8a）。

相比而言，典型的平流雾探空曲线有以下特征：较高的逆温层；高空风随高度顺转，有暖平流；一般925 hPa以下为饱和层（雾层），以上为干层；边界层有中等强度的风切变；中高层存在下沉逆温（图1.8b）。

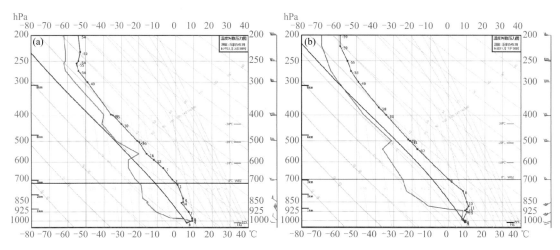

图1.8 典型辐射雾和平流雾探空曲线对比（a.辐射雾；b.平流雾）

1.4.5 低层因子对比

表1.4给出了对辐射雾和平流雾起重要作用的低层因子。

表1.4 对辐射雾和平流雾起重要作用的低层因子

低层因子	辐射雾	平流雾
湿度	在逆温层下潮湿的近地层	平流的气团和下垫面之间有明显的热力差异,该气团一般在平流雾发生前持续2～3 d,尤其是在沿海地区
增湿关键机制	逆温层下近地层快速辐射冷却	经过湿源地,足以建立潮湿边界层条件的气团通道;由于湍流混合和湿空气的对流混合作用,近地层的湿层厚度不断增加,从而形成浓雾层
低层反气旋作用	低层反气旋的存在有利于大雾生成,这是由于:反气旋导致地面弱风或近似静风;伴随的下沉运动导致中上层较干,有利于近地层辐射降温;导致下沉逆温出现	大尺度的反气旋和下沉运动提供了逆温条件,有利于边界层达到饱和
风垂直切变	逆温层附近存在弱的风垂直切变	逆温层附近常存在中等强度的风垂直切变

1.5
锋面雾

锋面雾是在冷暖空气交界的锋面附近产生的，随锋面降水相伴而生。在锋面上暖气团中生长的水汽凝结物（云滴或雨滴）落入较冷的气团内，经蒸发使近地面的低层空气达到饱和而形成的雾，称为锋面雾。锋面雾常有三种：锋前雾、锋后雾、静止锋雾。

1.5.1 锋前雾

锋前雾一般指暖锋前形成的雾，在锋面冷暖空气交界处，当暖空气沿着冷空气楔爬升，雾和低云经常形成在冷楔形的空气下面和暖锋交界处的前缘。如果冷空气中有降水，雾和层云出现的可能性尤其大。这使得低层冷空气通过蒸发冷却和水汽平流进入低层而变得饱和。在这种情况下，降水往往伴随着低云或雾，特别是当下垫面非常潮湿和寒冷，如有雪覆盖时，能见度会很低。

1.5.2 锋后雾

在冷季，冷锋后的冷空气中经常形成雾。当一个浅层冷空气前锋进入一个地区，并被潮湿、温暖的空气覆盖时，就会发生冷锋后雾。注意，锋后雾是冷空气向暖空气移动，强迫暖空气沿冷空气爬升，成云致雨，下落到低层冷空气中蒸发、冷却凝结饱和而成雾。

1.5.3 静止锋雾

静止锋边界层可以为雾和层云的发展提供有利条件，特别是静止锋为准东西向的时候。这类基本过程和锋前雾、锋后雾有些类似，其空间结构一般为：静止锋为准东西向，在静止锋面南北两侧的边界层，北侧为东到东北风，南侧为西到西南风；在边界层之上，为中空西到西南暖湿气流，伴随暖平流，其下为较冷的下垫面气团，暖气团在冷垫上爬升产生降水，在冷气团中蒸发凝结产生雾和层云。

相比暖锋前的雾、冷锋后的雾，静止锋雾事件有三个特点。（1）沿静止锋的低层辐合有助于形成雾和低云，因此，雾和层云可能会出现在锋面的两侧。（2）由于锋面稳定少动，雾持续时间将较长。（3）雾将持续，除非有下列情况出现：①锋面消失；②水汽源地被切断；③锋面因天气尺度的强迫而前进或后退；④低层等温层建立，雾层抬升形成中低云。

1.5.4　锋面雾的预报

表 1.5 给出了预报锋面雾需要考虑的因素。

表 1.5　锋面雾的预报要点

因素	预报时考虑
稳定度	增加边界层内的静态稳定度将促进雾的发展 逆温的强度和预报趋势将为雾/层云的持续时间提供线索 增加和加深混合将有助于消雾 冷空气和逆温的厚度
温度	温度平流的强度和类型 暖空气沿着冷空气爬升能促进雾的发展 干、冷平流会消雾
位置/移动	锋面接近时,在前方附近的低云和能见度条件可提供一些预报线索 和锋面相关的预报区域的位置 锋面经过预报区域是滞留较长时间还是正常速度移过 和锋面相联系的天气尺度强迫的强度和范围,强强迫将消雾
水汽/降水	干平流还是湿平流 当前冷空气的厚度和水汽含量,浅薄的冷空气不利于雾的生成 锋前是否有降水,降水可以提供有利的前期条件 降水类型和范围,大范围的弱降水将有助于低层水汽达到饱和,从而生成雾或层云
地表/地形	下垫面的状况(土壤湿度、植被、积雪覆盖等),湿润的土壤有助于为雾的形成创造有利的表面条件 锋面经过上坡或下坡,上坡有助于促进雾层的形成,而下坡则能抑制雾层的发展
其他	锋前、锋后的低云、能见度和降水气候特征,气候特征也有助于雾的预报

1.6
蒸发雾

1.6.1　蒸发雾的定义

蒸发雾又称蒸汽雾、海烟。当冷空气流经比其温度更高的暖水面且温差较大时,暖水汽的饱和水汽压大于冷空气的饱和水汽压,水汽源源不断地从暖水面蒸发,与冷空气混合,在冷却的过程中迅速凝结而成为蒸发雾。蒸发雾一般生成在边界层内较浅薄的低层且持续时间很短。

1.6.2　蒸发雾的成因

通常情况下,当气团经过逐渐变暖的水域时,任何现存的雾或层云将趋向于消散。然而，全球有几个纬度较高的海洋环境，当水温明显高于其上方的空气时，就会形成蒸发雾。这种雾发生的地区包括阿拉斯加西南部、加拿大沿海省份和东北亚。

图 1.9 显示了有利于蒸发雾发展的典型天气模型。来自冷的、干燥的大陆-极地冷空气流经超过该气团 10～12 ℃的暖水表面，当强的干冷空气快速流经暖水面时，通过传导、对流和湍流从水面吸收热量和蒸发水分，水的传热会引起对流性的湍流涡旋。当水蒸气混合到更冷的空气中时，它就会凝结，蒸发雾因此形成。由于有温暖潮湿的下垫面引起的显著对流湍流，雾通常呈现为不均匀的垂直柱状或片状。但是如果混合层之上存在强而稳定的逆温，雾的范围会变大，雾层也会加厚。

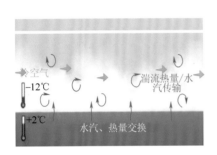

图 1.9　蒸发雾形成过程示意图

蒸发雾通常发生在强风的情况下。强烈的湍流实际上增加了大气和海面之间的热量和水分交换。然而，蒸发雾也可在边界层湍流不太强的情况下形成，但要求空气温度和海面温度相差很大。在这种情况下，存在一种基于海水表面浅层的逆温，将饱和层覆盖在下面。在这种情况下，雾会很浅，通常在几米到几十米厚。

1.6.3　蒸发雾的边界层特征

图 1.10 给出了一次蒸发雾事件中边界层温度和湿度的演化过程。图 1.10a 为干冷气团经过轨迹（白线），数字 1～4 表示气团经过的典型代表位置，图 1.10b～e 分别为图 1.10a 中 4 个位置的探空曲线，表征了蒸发雾形成的 4 个阶段。

阶段 1：气团为大陆干冷气团，边界层温度曲线近似干绝热，存在高架逆温层，气团吹向海洋（图 1.10b）。

阶段 2：空气质点到达海岸，温度廓线发生微小变化，水汽压梯度增大，低层变湿（图 1.10c）。

阶段 3：空气质点离开海岸进入海面，水汽压梯度进一步加强，最低层快速变湿，边界层低层不稳定度加大（图 1.10d）。

阶段 4：继续向海上推进，低层水汽饱和，蒸发雾形成，边界层维持不稳定（图 1.10e）。

从以上分析可以看出，低层达到饱和主要是通过增加露点温度实现的；饱和层很低，在 1000 hPa 上下，说明雾层很薄。

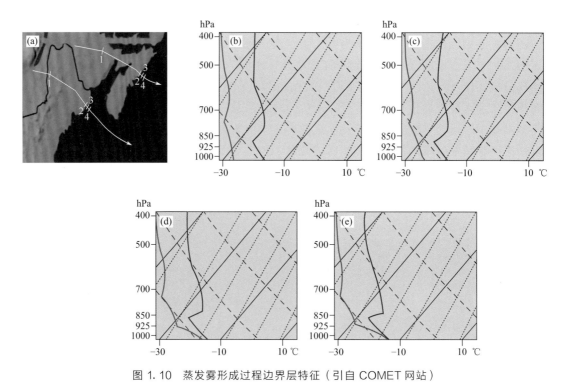

图 1.10　蒸发雾形成过程边界层特征（引自 COMET 网站）

1.6.4　蒸发雾发生的频率、持续时间和范围

在海洋环境中，蒸发雾主要发生在冬季，当寒冷和干燥的北极气团以极低的温度向南推进时。同时，海面温度保持相对温暖，一般高于冰点，从而导致极地冷空气爆发期间的气温/海温差异很大。

在低纬度和内陆水体（如小湖泊）上，蒸发雾最常发生在秋末和初冬，因为这些时候湖泊和空气温度相差最大。冬季晚些时候，湖水可能会结冰或变冷，湖泊与空气温差减小，从而降低蒸发雾的发展潜力。小湖泊和其他小水体上的蒸发雾通常发生在静稳的条件下，而且通常很浅。

大多数蒸发雾事件发生在冷锋后，而且是短暂的，尽管有些蒸发雾事件可以持续一周或更长时间。海洋蒸发雾的大尺度事件的持续存在需要干冷空气在温暖水面上的稳定平流，因为这有助于维持较大的海气温差。平流减弱后，由于混合、热量/水汽交换及海气温差的减小，雾迅速消散。当雾移动到陆地或冰层上，雾也会消散。

1.7
本章小结

本章从雾的定义出发，首先介绍了和雾相关的基本概念及雾的分类，然后介绍了几种主要大雾类型的定义、特征、成因及形成机制。

(1) 雾是因为大量气溶胶粒子、微小水滴或冰晶悬浮于空中,使近地面水平能见度降到 1 km 以下的天气现象。需要了解雾相关的几个基本概念:辐射、传导、对流、夹卷、混合边界层。雾有多种分类方法,常见的雾有辐射雾、平流雾、平流辐射雾、蒸发雾、锋面雾(雨雾)、爬坡雾等。形成雾的关键点主要有两点:一是边界层内大气的降温或增湿;二是边界层内逆温层的形成、维持、发展。逆温主要有辐射逆温、下沉逆温、平流逆温、锋面逆温和地形逆温 5 种。

(2) 辐射雾由地面及其附近的夜间红外辐射降温引起,通常发生在晴朗、微风、低层潮湿的天气条件下。辐射雾一般持续不到 24 h,通常深夜或清晨生成,在下午消散。其雾层高度较低,一般为几十米到 200 m 上下。辐射雾形成初期在临近地表辐射最强的几米到几十米发展,一定厚度的雾层一旦形成,最强辐射转移到雾顶,于是雾层继续向上发展,直至风切变增大,导致雾顶发生湍流混合,将其上的干空气夹卷到雾层,阻止雾层持续增长。在辐射雾形成期,晴朗少云有利于雾形成;一旦辐射雾形成,当有中高云覆盖时,有利于辐射雾的维持,而有低云覆盖时,有利于辐射雾的消散。辐射雾探空曲线有以下特征:近地层的逆温及逆温层之下的饱和层,湿度特征为"下湿上干",即近地面相对湿度高,而中上层有深厚干层。

(3) 暖空气移动到冷的下垫面所形成的雾叫平流雾。平流雾可在一天的任何时间出现,可以和低云相伴,陆地上出现平流雾时常伴有层云、碎雨云和毛毛雨等天气现象,并且持续时间较长,日变化不如辐射雾明显;平流雾的高度通常比辐射雾高,可达 600~700 m,有的甚至可达 900 m。平流雾主要由边界层动力过程和绝热过程组成,由天气尺度驱动,在平流雾中,低层风往往会更强,并且会产生更大的湍流和边界层混合,所以平流雾高度更高。平流雾探空曲线有以下特征:较高的逆温层;高空风随高度顺转,有暖平流;一般 925 hPa (770 m) 以下为饱和层(雾层),以上为干层;边界层中等强度的风切变;中高层存在下沉逆温。

(4) 锋面雾包括锋前雾、锋后雾、静止锋雾。锋前雾一般指暖锋前形成的雾,在锋面冷暖空气交界处,当暖空气沿着冷空气楔爬升,雾和低云经常形成在冷楔形的空气下面和暖锋交界处的前缘。一般移动缓慢、气压梯度较小,伴随降水的低压系统更容易形成锋前雾,而较深厚的低压系统一般不易产生锋前雾。锋后雾发生在浅薄冷空气向暖空气移动,强迫暖空气沿冷空气爬升,成云致雨,下落到低层冷空气中蒸发、冷却凝结饱和的过程中。静止锋雾和静止锋相联系,可发生在锋面两侧,一般高空存在着暖平流,低层有一个较冷的下垫气团。由于锋面稳定少动,雾持续时间将较长。

(5) 蒸发雾是当冷空气流经比其温度更高的暖水面且温差较大时,水汽源源不断地从暖水面蒸发,与冷空气混合,在冷却的过程中迅速凝结而成。蒸发雾一般生成在边界层内较浅薄的低层且持续时间很短,通常在几米到几十米厚。典型的有利于蒸发雾发展的天气模式是寒冷、干燥的极地强冷空气在高出气温 10~12 ℃ 的水面上流动。

第2章

京津冀雾的统计特征

2.1
京津冀雾的时空分布特征

2.1.1 空间分布特征

图2.1a为2000—2014年京津冀178个站点的总雾日分布图，可以看出雾日的分布与地形有着密切的关系，呈平原多，山区和高原、沿海少的趋势。冀北高原雾日最少，在50 d以下；其次为燕山山区和太行山山区，在137 d以下；平原大部分在100~873 d。其中雾出现频率较高的区域呈带状分布，有两条：一条与太行山平行（南北向），位于京珠高速公路沿线以东并与其平行40~100 km的范围内，沿线大部分站点的总雾日在300 d以上，几个高值中心分别位于涿州（308 d）、无极（348 d）、宁晋（873 d）、磁县（448 d）；另一条与燕山平行（东西向），位于唐山丰南（238 d）、天津宝坻（286 d）一线。可见，山前平原多雾特征明显。就北京地区而言，自西北山区（佛爷顶除外，海拔较高，地形特殊，多雾）向东南部平原递增，西部的霞云岭15年没出现过雾，而东南部的大兴雾日为178 d，北京城区为20~86 d，但出现连续3 d以上的大雾概率较小。

就京津冀年平均雾日而言（图2.1b），河北北部、东部和太行山区年平均雾日为0~5 d，北京东南部、天津及河北平原大部年平均雾日为9~58 d。

图2.1c为冷季（11月—次年3月）京津冀总雾日分布，对比图2.1a，可以发现，对于高原和山区，冷季出现雾的概率较小，而对于平原，冷季出现雾的概率占全年的1/3以上，说明平原雾主要发生在秋、冬季。

2.1.2 时间分布特征

2.1.2.1 雾的年际和月际分布特征

从图2.2京津冀20个国家站1959—2006年逐年雾日变化曲线可以看出，雾日总体呈波动式增加趋势。20世纪70年代是一个多雾时期，处于波峰，到80年代初有所下降，80年代末到90年代初又是一个高峰期，之后维持在300站次以下。雾日最多的是1990年，达563站次；最少的是2006年，仅173站次。

图2.3给出了1959—2006年山区站和平原站雾逐月百分率变化曲线，从图中可以看出，山区站和平原站有明显区别，夏半年（5—10月）山区站出现雾的比例明显高于平原站，以

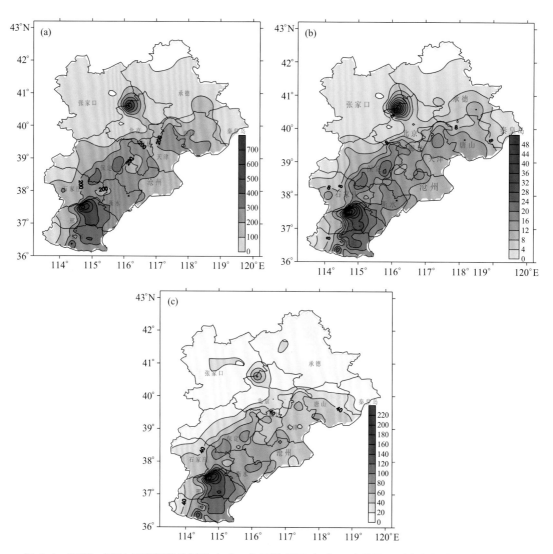

图2.1 2000—2014年京津冀总雾日（a）、年平均雾日（b）及冷季雾日 (c)空间分布（单位：d)

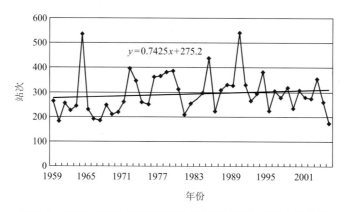

图2.2 1959—2006年京津冀20个国家站逐年雾日变化曲线

8月为例，山区站出雾占全年的16%，而平原站仅占全年的6%。冬半年（11月—次年2月）平原站比山区站更容易出现雾，其中12月出现频率最高，占全年的22%。春季（3—5

月）是最不容易出现大雾的季节，仅占全年的 10%，这与春季气候干燥、多风有关。

持续性大雾多出现在秋、冬季节的平原地区。图 2.4 为 1959—2006 年京津冀雾持续最长时间分布图，从图中可以看出，平原各站最长连续大雾时间大部分可达 9～15 d，如河北平原东南部的景县和广平曾出现过连续 15 d 大雾，时间为 1994 年 11 月 17 日—12 月 1 日。山区的持续性大雾最长时间一般不超过 4 d。

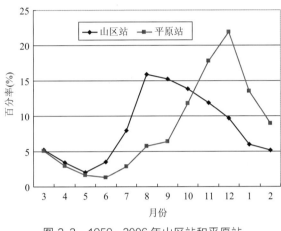

图 2.3　1959—2006 年山区站和平原站大雾逐月百分率变化曲线

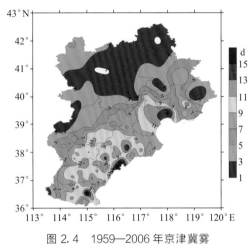

图 2.4　1959—2006 年京津冀雾持续最长时间空间分布

图 2.5a 给出了 2000—2014 年京津冀平原 118 个观测站总雾日逐年变化曲线，2000—2007 年总体呈现增加趋势，2007 年最高，年总雾日达 2900 站次；2008—2012 年呈下降趋势，2010 年最少，仅为 600 站次；就冷季（图 2.5b）而言，基本趋势相同，不同之处在于 2013 年 1—2 月，平原地区出现了持续性雾天气，因此 2013 年最多，达 1380 站次。

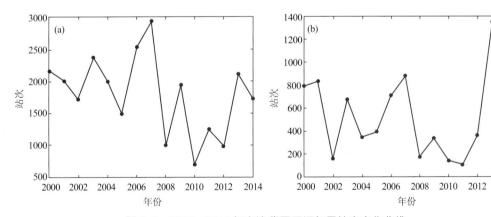

图 2.5　2000—2014 年京津冀平原逐年雾站次变化曲线
（a. 全年；b. 冷季）

图 2.6 给出了 2000—2014 年京津冀主要代表城市逐年逐月雾日变化趋势图，可以看出有以下特点：雾出现日数，冷季（11 月—次年 2 月）明显多于暖季（5—10 月）；在冷季中，11—12 月最容易出现雾天气；2014 年，石家庄、邢台、保定各月雾日明显增多，且总体高

于衡水，其中一个重要原因是前 3 个站改用自动能见度仪观测，衡水仍为人工观测，能见度仪测得的能见度要小于人工观测。

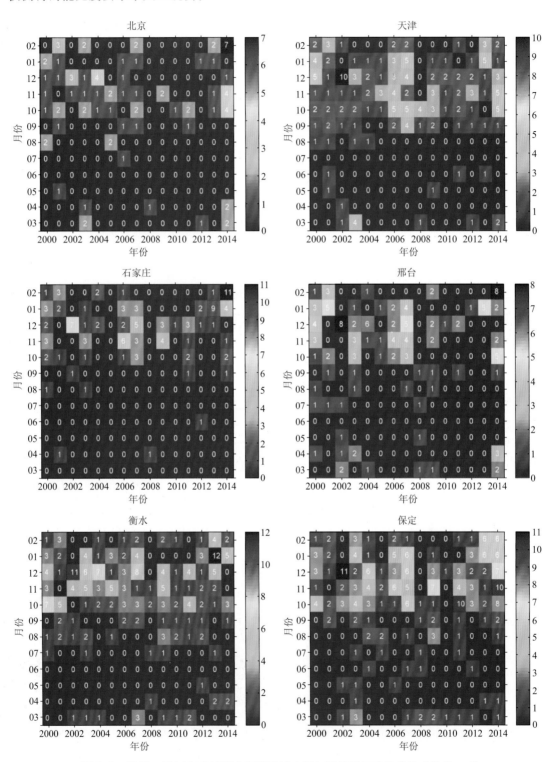

图 2.6　2000—2014 年京津冀主要代表城市逐年逐月雾日变化趋势（单位：d）

2.1.2.2 京津冀雾的生消时间变化特征

京津冀的雾多为辐射雾或平流辐射雾，因而辐射降温对雾的生成具有重要作用。一年之中，因季节造成的昼夜长短差异和日出日落时间不同必然会导致辐射降温最强时间的差异，因此雾的生消时间因季节有差别。从平原站和山区站冬季雾生消时间分布图可以看出，冬季雾的生成时间主要在05—09时，约占60%，而大部分雾生成于06—08时，约占47%；消散时间集中在07—12时，山区站雾的消散时间要早于平原站（图2.7）。

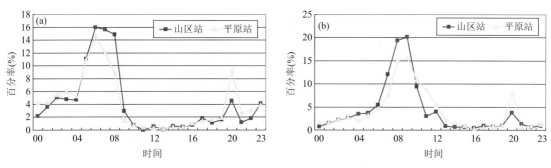

图 2.7 1954—2006 年京津冀冬季雾生消时间分布（a. 生成；b. 消散）

从夏季雾的生消时间分布图可以看出，夏季雾主要在04—07时生成，占70%以上，06—09时消散，也占70%以上，其他时段生成、消散所占比例都较小。夏季雾维持时间较短，时段集中，这是它区别于冬季雾的地方。另外，夏季雾的生成和消散时间都早于冬季雾（图2.8）。

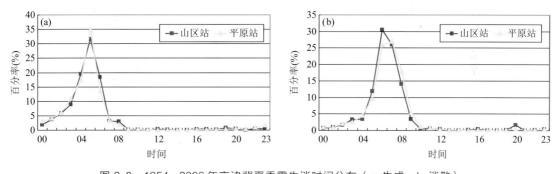

图 2.8 1954—2006 年京津冀夏季雾生消时间分布（a. 生成；b. 消散）

2.1.3 京津冀城市和乡村雾日对比

近些年城市群规模的迅速扩大，对城市雾的生成和消散都产生了一定的影响。图2.9a～c为2000—2014年石家庄站及相邻的正定、藁城站雾日逐年变化曲线，可以看出2013年之前，石家庄雾出现的日数低于正定和藁城。以2007年为例，石家庄雾日为14 d，而藁城和正定分别为19 d 和36 d，可见乡村的雾日明显高于城市。从北京站和顺义站（图2.9d，e）、衡水站和相邻的冀州站（图略）对比分析看，具有相同的规律。2014年，石家庄站雾日明显高于正定和藁城站、北京站高于顺义站，主要原因是石家庄、北京为自动能见度仪观测，仪器观测得到的能见度要低于人工观测。

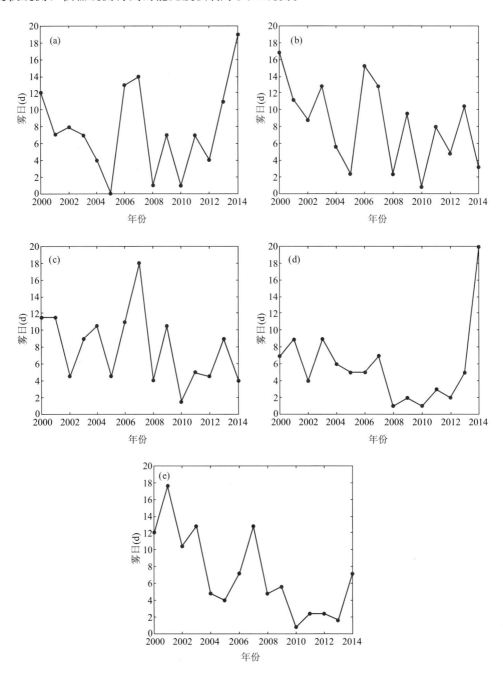

图 2.9　2000—2014 年京津冀城市和乡村单站雾日逐年变化曲线
（a. 石家庄；b. 正定；c. 藁城；d. 北京；e. 顺义）

造成城市和乡村雾日差异的主要原因是：城市规模扩大导致城乡下垫面不同，从而影响边界层、近地层温湿结构。城市下垫面以裸露地面和建筑群为主，乡村则多为植被覆盖，城市地面热容量比乡村高，因此夜间到清晨向大气的有效长波辐射弱于乡村，气温不容易降到露点温度，辐射雾发生的概率较乡村小。

2.2
能见度统计特征

从 1954—2006 年京津冀各站点雾日平均能见度分布图（图 2.10）可以看出，北部山区的张家口、承德和西部山区相对较高，在 500～709 m；中南部平原较低，一般都在 400 m 以下；邢台内丘最低，日平均能见度为 270 m。就季节而言，夏季雾日平均能见度较冬季要好很多，基本上都在 400 m 以上，低于 400 m 的只有 6 个站，没有低于 300 m 的测站；而冬半年日平均能见度低于 400 m 的有 38 个站之多，主要集中在平原地区（图略）。

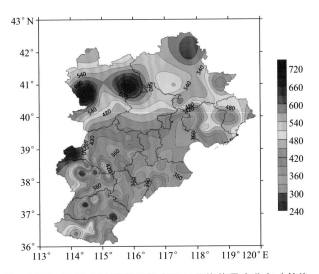

图 2.10　1954—2006 年京津冀可站点雾日平均能见度分布（单位：m）

2.3
能见度观测方式改变对雾、霾判识及统计的影响分析

2000 年以后，伴随气象现代化技术的日益成熟，地面观测的大部分要素如温、压、湿、风都实现了人工观测向自动观测的转变。2013 年开始尝试能见度的自动化观测，2014 年全国部分观测站采用自动能见度观测仪，2015 年全面使用。与传统的人工观测相比，能见度仪自动观测可以得到客观、连续、分钟级的能见度资料，但由于能见度仪测量的只是通过发射器和接收器之间的一小块空气的散射光强度，仅以一小块空气的结果代表观测区域的能见度，因此对于温、压、湿等气象要素，能见度的人工观测和自动观测差别较大。天津市气象局通过 2014 年 2 月的平行对比观测表明：二者相对偏差达 25.1%，能见度小于 15 km 时，自动观测的能见度有 60%～76% 的数值偏小（司鹏 等，2015）。但谭浩波等（2010）研究指

出，在能见度小于 15 km 时，二者量值比较吻合；在能见度大于 15 km 时，器测值明显大于目测值。而广东阳江市气象局根据 2013 年 7 月—2014 年 3 月的资料对比分析表明，自动观测能见度与人工观测能见度之间的偏差值主要集中在 2~3 km，且差值的绝对值随着能见度的增大而增大，在有天气现象（如雾、霾、雨）时，自动观测能见度偏小比较明显，能见度≤5 km 时，负误差率最大（吴华斌 等，2015）。

由于能见度观测方式的变化，需根据能见度判别的雾、霾等天气现象相应出现了较大的变化，主要表现在：相比原有的人工观测判识，雾、霾等天气现象明显增多，为了保持雾、霾资料的连续性和稳定性，2013—2015 年中国气象局综合观测司对雾、霾的判别标准进行了多次调整（表 2.1），如针对自动能见度观测，2014 年 2 月将能见度阈值在人工观测基础上统一下调 25%，空气相对湿度的判别阈值恢复到台站历史观测阈值进行轻雾、雾、霾现象判别；人工观测按照《地面气象观测规范》，结合中国气象局地面观测业务的相关规定进行轻雾、雾、霾现象判别。

表 2.1 不同时间段霾、雾、轻雾观测和判别标准

时段	人工观测判识标准			自动观测判识标准		
	霾	雾	轻雾	霾	雾	轻雾
建站至 2013 年 1 月	$vis<10$ km $RH\leqslant60\%$	$vis<1$ km $RH\geqslant80\%$	1 km$\leqslant vis<10$ km $RH>60\%$	—	—	—
2013 年 2—12 月	$vis<10$ km $RH<80\%$	$vis<1$ km $RH\geqslant80\%$	1 km$\leqslant vis<10$ km $RH\geqslant80\%$	$vis<10$ km $RH<80\%$	$vis<1$ km $RH\geqslant80\%$	1 km$\leqslant vis<10$ km $RH>80\%$
2014 年 1 月	$vis<10$ km $RH<80\%$	$vis<1$ km $RH\geqslant80\%$	1 km$\leqslant vis<10$ km $RH\geqslant80\%$	$vis<7.5$ km $RH<80\%$	$vis<750$ m $RH\geqslant80\%$	750 m$\leqslant vis<7.5$ km $RH>80\%$
2014 年 2 月至今	$vis<10$ km $RH\leqslant60\%$	$vis<1$ km $RH\geqslant80\%$	1 km$\leqslant vis<10$ km $RH>60\%$	$vis<7.5$ km $RH\leqslant60\%$ 持续 6 个小时	$vis<750$ m $RH\geqslant80\%$	750 m$\leqslant vis<7.5$ km $RH>60\%$ 持续 6 个小时

vis：能见度；RH：相对湿度

综上所述，全国各气象站自建站到现在，因能见度观测手段变化，雾、霾判识标准多次调整，因而导致了以下 4 个方面的问题。

（1）雾、霾能见度判别标准科学性问题。如司鹏等（2015）研究指出，在雾、霾判别中直接将所有自动能见度观测数据视为偏小，这种做法的科学性需进一步研究探讨。

（2）能见度历史资料序列连续性问题。2013—2014 年是能见度从人工观测到自动观测的过渡年份，2015 年以后全面自动化，可以说 2015 年是能见度观测资料的分水岭。

（3）雾、霾的长期统计评估一致性问题。能见度观测方式变化导致雾、霾判识发生变化。

（4）雾、霾及能见度客观预报方法研发中历史资料使用问题。

基于此，下面将应用 2000—2018 年的资料对人工观测能见度、仪器观测能见度从多方面进行对比分析，对因能见度观测方式变化导致的雾、霾统计的影响进行详细分析和评估。

2.3.1　能见度仪与人工能见度观测简介

人工气象能见度：在白天，视力正常的人，在当时天气条件下，能够从天空背景中看到和辨认出目标物（黑色、大小适度）的最大水平距离。在夜间则要选择一些固定的目标灯或专门设置目标灯作为观测能见度的依据。

大气能见度探测仪：主要有投射式能见度仪（又称"透射表"）和散射式能见度仪，其中透射表和散射式能见度仪中的前向散射仪应用最为广泛。此外，还有一种数字摄像法。

为描述方便，以下将人工能见度观测简称为"目测"，能见度探测仪观测简称为"器测"。

2.3.2　资料和方法

所用资料为 2000—2018 年地面观测资料，包括能见度、相对湿度、温度露点差等气象要素资料，将这 19 年的资料分为 3 个阶段：2000 年 1 月—2013 年 1 月，所有站点能见度观测均为目测；2013 年 2 月—2015 年 12 月，能见度观测少部分站点采用器测，大部分仍为目测；2016 年以后，所有站点能见度观测均采用自动能见度仪。

图 2.11 为 2014 年能见度仪观测站（红色）点与人工观测站点（黑色）分布图。除衡水外，各地市在 2014 年均有部分站点使用了自动能见度仪，仪器观测和人工观测覆盖全省。人工观测能见度的最高值为 30 km，能见度仪观测的能见度可以超过 30 km，为了和人工观测保持一致，超过 30 km 时按 30 km 统计。

图 2.11　2014 年能见度仪观测站点（红色）与人工观测站点（黑色）分布

雨雪、沙尘、雾、霾等天气现象都会导致能见度降低，本节将重点研究能见度观测方式转变所造成的与能见度相联系的雾、霾等天气现象的变化。为了评判变化情况，结合雾、霾特点，制定如下统一判识标准。

霾的判识：每日 08、14 和 20 时 3 个时次，如果有 1 个时次满足"1 km＜能见度≤5 km，相对湿度 RH＜95％"，算 1 个霾日。

雾的判识：每日 08、14 和 20 时 3 个时次，如果有 1 个时次满足"能见度≤1 km"，且 08、14 和 20 时 3 个时次现在天气现象或过去天气现象有雾；满足其中任意 1 个条件，算 1 个雾日。

2.3.3 器测能见度与目测能见度平均状况对比分析

2.3.3.1 2014 年器测能见度与目测能见度对比

2014 年京津冀部分站点能见度观测采用器测，其他站点仍为人工观测（国家级站每日 8 次，一般站每日 3 次观测）。为了对比，采用 08 时和 14 时能见度资料，从能见度日变化规律看，08 时可以代表能见度较差时段，而 14 时则为较好时段。2014 年 08 时年平均能见度 99％以上的器测站均小于目测站，高海拔地区较平原地区差别更明显，如张家口、承德两市相邻站点器测值和目测值相差 5～15 km，而平原地区一般相差 2～5 km（图 2.12a）。分析 2014 年逐月 08 时平均能见度，发现在雾、霾高发的 1—4 月，月平均能见度器测值明显低于目测值，如 1 月，平原地区，大部分器测站能见度低于目测站 3～6 km（图 2.12b）；在雾、霾较少的 5—12 月，器测站和目测站差距明显变小，5 月最明显（图 2.12c）。与 2014 年 08 时年平均能见度相比，14 时的年平均能见度有很大不同，器测站和目测站的能见度值差别不大，甚至不少器测站的能见度大于目测站（图 2.12d）。就 2014 年逐月 14 时平均能见度而言，雾、霾高发的 1—4 月，月平均能见度器测值仍低于目测值，如石家庄、邢台、邯郸三市大部分器测站能见度低于目测站 1～6 km（图 2.12e），从 5 月开始，雾、霾天气明显减少，大部分器测站的能见度开始大于目测站，12 月最明显，邢台市平原一些相邻的站点器测值比目测值高出 4～7 km（图 2.12f）。

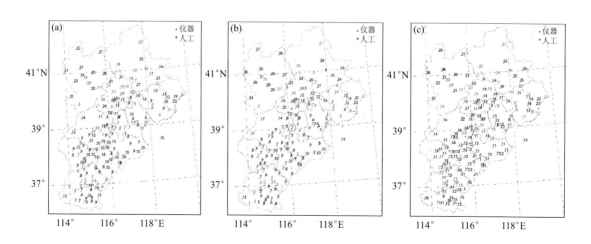

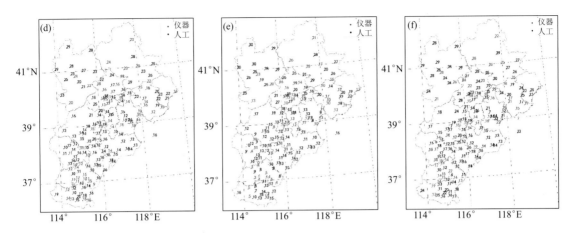

图 2.12 2014 年年平均能见度和月平均能见度（单位：km）分布

（a.08 时年平均能见度；b、 c 分别为 1 月和 5 月 08 时月平均能见度；d. 14 时年平均能见度；
e、 f 分别为 1 月和 12 月 14 时月平均能见度）

图 2.13 给出了 2 组器测站和目测站逐日 08 时能见度序列图，这 2 组测站分别为邢台
（器测）和内丘（目测）、泊头（器测）和沧州（目测），均位于平原地区，海拔高度基本
相同，每组的两个站点直线距离不超过 25 km，可对比性较强。从图中可以看出，2014 年
1—3 月的 90 d 时间里，绝大部分时间器测值小于目测值；当能见度在 12 km 以下时，器
测值小于目测值，在 12 km 以上时，器测值大于目测值。14 时逐日能见度序列和 08 时相
似，尽管器测值大于目测值的日数有所增多，大部分日数仍然是器测值小于目测值
（图略）。

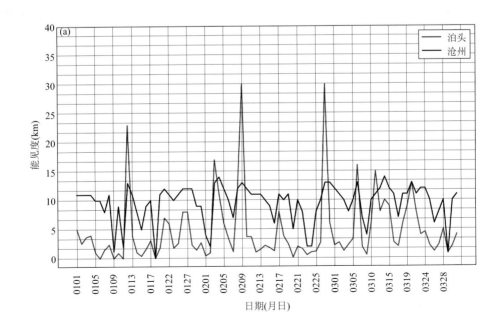

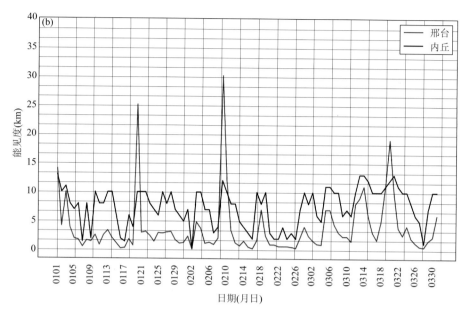

图 2.13 2014 年 1—3 月 08 时器测站（红色）与目测站（黑色）逐日能见度对比分析
（a.泊头和沧州；b.邢台和内丘）

京津冀一般冷季为雾、霾多发季节，2014 年 1—3 月河北中南部雾、霾天气较多，能见度偏低，器测站能见度小于目测站。进入 5 月后，雾、霾明显减少，能见度变好。从 5—7 月泊头和沧州、邢台和内丘的逐日 14 时能见度可以看出，能见度多在 10 km 以上，大部分日数器测站（泊头、邢台）明显高于目测站（沧州、内丘），沧州、内丘能见度在 10～15 km，而相对应的泊头、邢台能见度可达 15～30 km（图 2.14）。

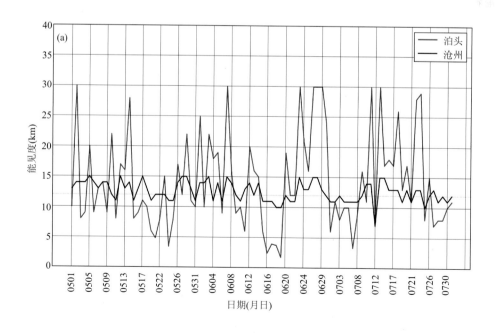

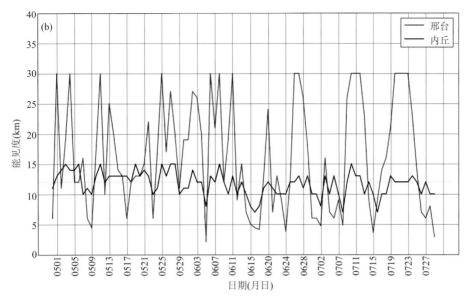

图 2.14　2014 年 5—7 月 14 时器测站（红色）与目测站（黑色）逐日能见度对比分析
（a. 泊头和沧州；b. 邢台和内丘）

2.3.3.2　2000—2013 年目测能见度与 2015—2018 年器测能见度对比分析

2014 年器测和目测能见度的对比分析表明，当能见度偏低时，器测值小于目测值；当能见度偏高时，器测值接近或高于目测值。下面对长时间序列的目测和器测能见度进行分析，2000—2013 年所有站点能见度均为目测，2015—2018 年则全部为器测。08 时多年平均能见度表明，京津冀大部分站点器测值低于目测值（图 2.15a，b），北部的张家口、承德偏低较多，中南部平原除邢台部分站点外，总体偏低 1～3 km。从 14 时的多年平均能见度看，目测能见度（2000—2013 年）和器测能见度（2015—2018 年）的差别较 08 时多年平均明显缩小，张家口比较明显，在平原中南部地区，部分站点器测值大于目测值（图 2.15c，d）。

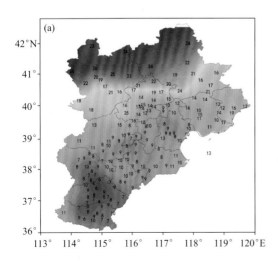

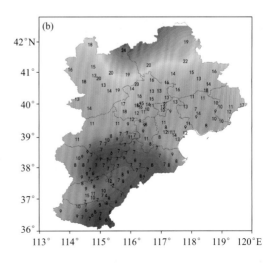

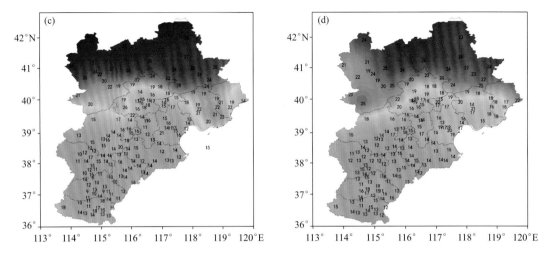

图 2.15　目测和器测多年平均能见度空间分布（单位：km）

（a. 2000—2013 年 08 时目测；b. 2015—2018 年 08 时器测；

c. 2000—2013 年 14 时目测；d. 2015—2018 年 14 时器测）

从多年 08 时能见度逐月平均（图略）看，冷季（10 月—次年 3 月）器测值低于目测值，1月两者差值最大；暖季（4—9 月），器测值总体低于目测值，但两者差异小于冷季，5 月差异最小。多年 14 时能见度逐月平均变化趋势在冷季基本和 08 时相似，但暖季则和 08 时相反，大部分站点器测值大于目测值。

2.3.4　两种能见度观测方式与相对湿度的关系

分别统计河北 11 地市 2000—2013 年（目测）和 2015—2018 年（器测）不同能见度所对应的相对湿度分布状况，发现各地市情况基本相似。以石家庄为例（图 2.16），当能见度小于 0.5 km 时，目测和器测的相对湿度分布区间较为相似，主要集中在 93%～96%，中数为 95%；当能见度在 0.5～1.0 km 时，目测的相对湿度变化区间不大，仍集中在 93%～96%，中位数仍为 95%，但器测的相对湿度区间明显增大，集中在 78%～91%，中数为87%；随着能见度的增大，能见度在 1～10 km 时，器测的相对湿度分布区间比目测的分布区间更为分散。

从石家庄、邢台两个时期的能见度和相对湿度散点图也可以看出，在 2000—2013 年目测能见度时期，能见度和相对湿度呈反相关，低能见度对应着高相对湿度，高能见度对应低的相对湿度。当能见度小于 1 km 时，相对湿度高于 90%；当能见度在 1～5 km 时，相对湿度集中在 60%～90%；当能见度在 25～30 km 时，相对湿度小于 40%（图 2.17a，c）。在2015—2018 年器测能见度时期，尽管能见度和相对湿度仍呈反相关，但其线性关系明显不如目测时期，比如能见度 1～5 km 对应的相对湿度集中在 40%～90%，能见度在 25～30 km 时相对湿度小于 70%（图 2.17b，d）。

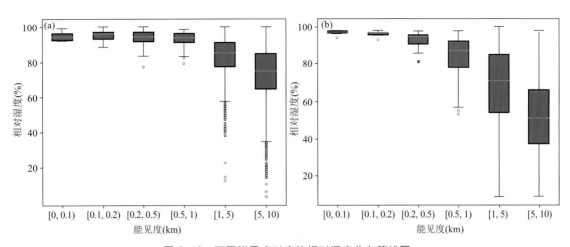

图 2.16 不同能见度对应的相对湿度分布箱线图

（a. 2000—2013 年；b. 2015—2018 年）

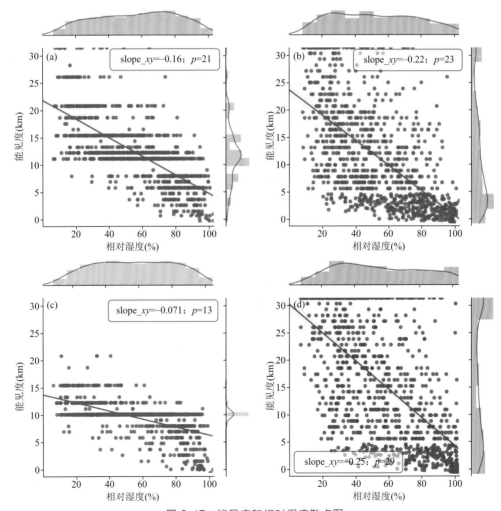

图 2.17 能见度和相对湿度散点图

（a、c 分别为 2000—2013 年石家庄和邢台目测散点图； b、d 分别为 2015—2018 年石家庄和邢台器测散点图）

2.3.5 能见度观测方式转变对雾、霾统计的影响

2.3.5.1 2014年目测站和器测站雾、霾统计对比分析

2014年京津冀少部分站改为器测，从这一年雾和霾的统计分析可以看出，目测的雾小于等于40站次，而大于40站次的均为器测。对于绝大多数站来说，器测的雾站次明显多于目测，如石家庄站器测的雾为35站次，而其相邻的目测的正定站仅为5站次（图2.18a）。霾的统计表明，二者差别更大，所有器测站都明显比周边的目测站大得多，差别最大的是承德，器测的4个站点霾出现的次数为101～225次，而另外5个目测的站点仅为0～13次（图2.18b）。邢台的沙河，霾出现的次数为全省最多，为303次。

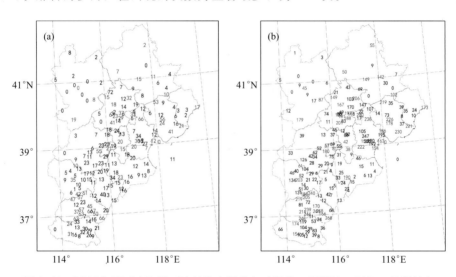

图2.18 2014年雾 (a)和霾 (b)站次空间分布（红色：器测站；黑色：目测站）

2.3.5.2 雾、霾目测和器测的多年统计对比分析

为了更好地评估两者的观测结果，分两个时间段进行统计，2000—2013年，所有站点能见度观测均为人工观测；2015—2018年，所有站点能见度观测均采用能见度仪。

图2.19为以上两个时段京津冀雾和霾冷季（11月—次年3月）平均日数空间分布图，就雾而言（图2.19a，b），二者在空间分布上很相似，高值区分布在太行山东侧平原京广铁路沿线及燕山南麓平原，低值区分布在张家口承德、秦皇岛及西部山区。但各站点的雾平均日数器测总体大于目测，这在北京的东部和南部、唐山大部、沧州大部表现明显，后者比前者多出3～7 d。从京津冀主要城市2000—2018年雾日年变化时序图也可以看出，使用能见度仪的大部分城市雾日自2014年以后有所增加，例如石家庄和秦皇岛（图2.20a，b），2014—2018年的5年里，有3～4年高于前14年最高值，2018年雾日较少，系气候原因所致，那一年冷空气活动明显，雾、霾总体偏少。

霾的统计情况（图2.19c，d）和雾差别较大，表现在两点：一是2015—2018年（器测）京津冀各站点冷季霾平均日数明显高于2000—2013年（目测），大部分地区偏多2～3倍，北部的张家口、承德及沿海的秦皇岛偏多明显，如秦皇岛2000—2013年霾平均日数为0，

而 2015—2018 年为 24 d。二是空间分布特征有明显差异。2000—2013 年（目测）霾平均日数的高值区位于中南部太行山、北部燕山到平原过渡的浅山区一带，为 20～40 d。对比而言，2015—2018 年（器测），霾的高发区位于平原的京广铁路沿线，为 30～70 d。从石家庄和秦皇岛 2000—2018 年（器测）霾日年变化时序图也可以看出（图 2.20c，d），使用能见度仪的 2014 年以后，年霾日数均超过此前 14 年的最高值，石家庄偏多 10～20 d，秦皇岛偏多 10～50 d。由此可见，能见度观测方式的变化导致霾的统计特征发生了较大变化。

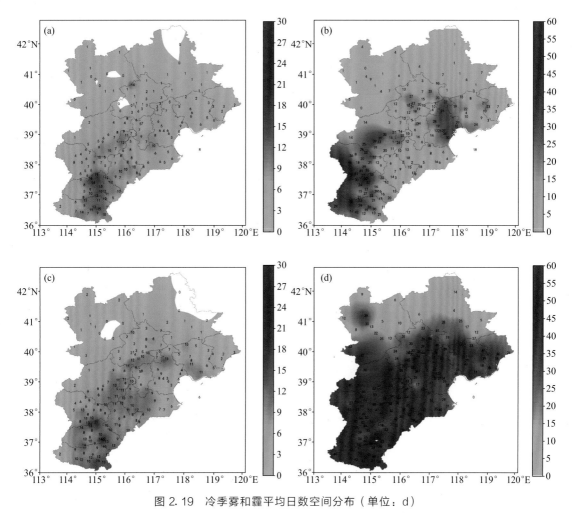

图 2.19　冷季雾和霾平均日数空间分布（单位：d）

（a. 2000—2013 年冷季雾日；b. 2000—2013 年冷季霾日；c. 2015—2018 年冷季雾日；d. 2015—2018 年冷季霾日）

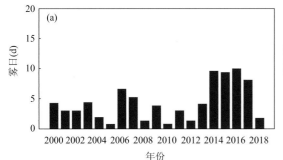
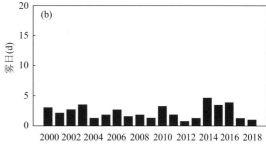

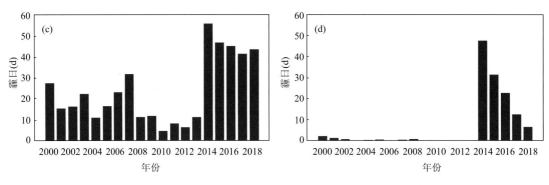

图 2.20　2000—2018 年雾和霾逐年雾日

(a. 石家庄雾日；b. 秦皇岛雾日；c. 石家庄霾日；d. 秦皇岛霾日)

2.4
本章小结

本章在总结分析了京津冀雾的时空分布特征、雾的生消时间变化特征及雾日能见度特征之后，重点分析了能见度观测方式改变对雾、霾判识及统计的影响。

（1）京津冀雾日的分布与地形有着密切的关系，呈平原多和山区、高原、沿海少的趋势，冀北高原雾日最少。雾出现频率较高的区域呈带状分布，有两条：一条与太行山平行（南北向），位于京珠高速公路沿线以东并与其平行 40～100 km 的范围内，几个高值中心分别位于涿州、无极、宁晋、磁县；另一条与燕山平行（东西向），位于唐山丰南、天津宝坻一线。

（2）京津冀雾主要发生在秋冬季节，近 50 年来，雾日总体呈波动式增加趋势。夏半年（5—10 月），山区站出现雾的比例明显高于平原站；冬半年（11 月—次年 2 月），平原站比山区站更容易出雾，其中 12 月出现频率最高。

（3）京津冀的雾多为辐射雾或平流辐射雾，因而辐射降温对雾的生成具有重要作用。冬季雾的生成时间集中在 05—09 时，冬季雾的消散时间集中在 07—12 时；夏季雾主要在 04—07 时生成，06—09 时消散。夏季雾的生成和消散时间都早于冬季雾。

（4）京津冀雾日能见度特征：北部山区的张家口、承德和西部山区相对较高，为 500～709 m，中南部平原较低，一般都在 400 m 以下。夏季雾日平均能见度较冬季要好得多，基本上都在 400 m 以上。

（5）能见度观测方式转变对雾、霾判识和统计评估产生了重要影响，主要表现在以下几个方面。

① 从能见度平均状况看，绝大多数站点器测能见度小于目测能见度。但冷暖季有所不同，在雾/霾多发的冷季（11 月—次年 4 月），08 时器测能见度明显低于目测能见度，14 时这种差别明显缩小；暖季（5—10 月），08 时器测能见度总体低于目测能见度，但两者差异小于冷季，而 14 时器测值大于目测值。

② 当能见度在 12 km 以下时，器测能见度小于目测能见度，在 12 km 以上时，器测能见度大于目测能见度。在当能见度小于 1 km 时，器测值接近目测值。

③ 能见度和相对湿度呈反相关，当能见度小于 0.5 km 时，目测能见度和器测能见度的相对湿度分布区间较为相似，但随着能见度的增大，器测的相对湿度分布区间比目测的更为分散。也就是说，器测能见度和相对湿度的相关性不如目测能见度好。

④ 能见度由人工观测转为仪器观测后，雾和霾的发生次数明显增加，而霾的增加更明显。从京津冀雾的空间分布看，器测和目测保持一致，其高发区仍位于平原地区京广铁路沿线，但霾的空间分布发生较大变化，其高发区从中南部太行山到平原过渡的浅山区东移到京广铁路沿线。

第3章 京津冀秋冬季连续性大雾的特征与预报

秋冬季节（9月—次年2月）是京津冀大雾的高发时段，而京津冀平原则是大雾的高发区域，大雾出现的频率约占全年的78%，且常出现持续性、大范围浓雾天气。其主要原因是进入秋季以后，大气环流调整，逐渐由夏季风向冬季风转换，影响河北的冷空气多为西北路径或偏西路径，由于京津冀平原北倚燕山、西靠太行，当冷空气强度不够强时，受山脉阻挡，冷空气多以扩散方式南下，造成平原处于弱气压场的控制之下，风速较小，有利于稳定层结的形成，一旦湿度条件具备，有利于大雾的生成。

3.1
京津冀平原秋冬季连续性大雾特点

表3.1给出了2002—2013年京津冀平原连续4 d以上的区域性大雾过程，可以看出，连续性大雾多发生在冬季的11月下旬至次年1月上旬，12月发生的概率最大，平原秋冬季连续性大雾具有以下几个特点。

（1）渐发性。一次大范围浓雾天气一般不会突然出现，是一个渐渐发展的过程，需经过几天的酝酿积累，雾的范围和强度逐渐增加，发展过程为零散雾（几个站）→小范围雾（十几个站）→大范围雾（几十个站到一百多个站）。

（2）稳定性。大范围的浓雾一旦形成，如果没有明显的冷空气爆发或降水出现，大雾将稳定维持，很难快速消散，次日一般仍为大雾天气，预报员称为"以雾报雾"。

（3）种类多样性。秋冬季连续性大雾过程一般不是单一类型的雾，一般是几种类型的雾交替出现，如辐射雾、平流雾、平流辐射雾，以平流辐射雾居多。

（4）冬季大范围浓雾一旦形成，能见度日变化不明显。不像一般的辐射雾，早晨生成、上午到中午消散，能见度具有明显的日变化，连续性大雾过程中，能见度日变化很小，常常每天大部分时段都维持1000 m以下的能见度。图3.1给出了2007年12月18—28日连续性大雾过程中，正定能见度变化曲线，可以看出，18—28日大部分时间能见度都小于800 m。

表3.1　2002—2013年京津冀平原连续性大雾天气过程

日期	持续日数(d)	总站数	雾种类	500 hPa环流背景
2002年11月30日—12月4日	5	354	辐射、平流辐射	纬向型
2002年12月9—18日	10	757	辐射、平流辐射、平流	纬向型

续表

日期	持续日数(d)	总站数	雾种类	500 hPa 环流背景
2003 年 11 月 29—12 月 4 日	6	401	辐射、平流辐射、平流	纬向型
2003 年 12 月 12—19 日	8	374	辐射、平流辐射、平流	纬向型
2005 年 12 月 30—2006 年 1 月 3 日	5	293	平流辐射、辐射	纬向型
2006 年 12 月 31—2007 年 1 月 5 日	6	488	辐射、平流辐射	经向型
2007 年 10 月 24—27 日	4	284	辐射、平流辐射	纬向型
2007 年 11 月 6—13 日	8	343	平流辐射、辐射	纬向型
2007 年 12 月 18—28 日	11	581	辐射、平流辐射、平流	纬向型
2013 年 1 月 8—31 日	24	1054	辐射、平流辐射、平流	纬向型

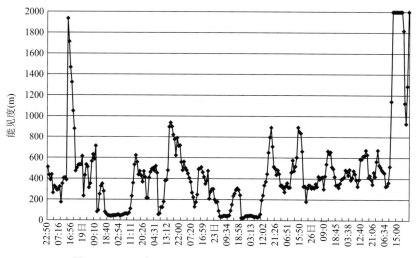

图 3.1　2007 年 12 月 18—28 日正定能见度变化曲线

3.1.1　三次连续 10 d 以上的大雾天气

平原秋冬季出现连续 3～7 d 的大范围大雾天气过程是很常见的，甚至可以出现连续 10 d 以上的大范围大雾天气过程，从表 3.1 可以看出，2000 年以后共发生过三次：2002 年 12 月 9—18 日（10 d）、2007 年 12 月 18—28 日（11 d）、2013 年 1 月 8—31 日（24 d）。正是由于持续时间长、范围广、强度大，造成的影响远超过一般的连续大雾天气。同时，由于在大雾长时间持续过程中，雾的范围和强度又具有突变特征，所以预报难度较大。

3.1.1.1　2002 年 12 月 9—18 日连续性大雾过程

2002 年 12 月 9—18 日，我国中东部地区尤其是京津冀平原出现了一次长达 10 d 的连续性大雾天气，从雾区发展动态图（图 3.2a）可以看出，9 日雾区与太行山平行，呈狭长的南北带状分布，10 日范围扩大到河北中南部、天津、河南北部、山东西北部，11 日大雾范围继续向南、向北、向东扩展，到 18 日，雾区北缘已扩展到 40°N。图 3.3a 统计了 12 月 9—18 日京津冀 40°N 以南 140 个站点中逐日能见度分别≤1 km、≤0.5 km、

≤0.05 km 的站数，可以看出，这 10 d 中每日雾（vis≤1 km）站数都在 40 个站以上，日
雾站数超过 60 个站的有 8 d，18 日范围、强度最大，雾、浓雾（vis≤0.5 km）、强浓雾
（vis≤0.05 km）站数分别为 106、88、11 个站。从这 10 d 当中雾日的空间分布（图
3.4a）可以看出，平原地区雾日基本在 6 d 以上，雾日最多的在京珠高速沿线及以东，与
太行山平行，呈南北带状分布，为 8～10 d；另一高发区分布在河北东部沧州附近，即京
沪高速和石黄高速交汇处。

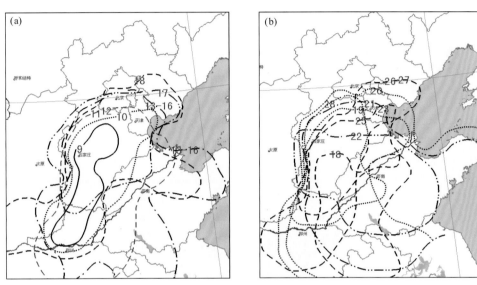

图 3.2　连续性大雾雾区动态图（图中等值线上的数值表示日期）

（a. 2002 年 12 月 9—18 日；b. 2007 年 12 月 18—28 日）

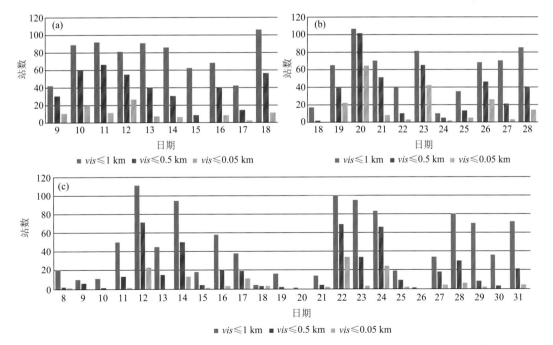

图 3.3　三次连续性大雾过程每日 08 时能见度≤1 km、≤0.5 km、≤0.05 km 站数

（a. 2002 年 12 月 9—18 日；b. 2007 年 12 月 18—28 日；c. 2012 年 1 月 8—31 日）

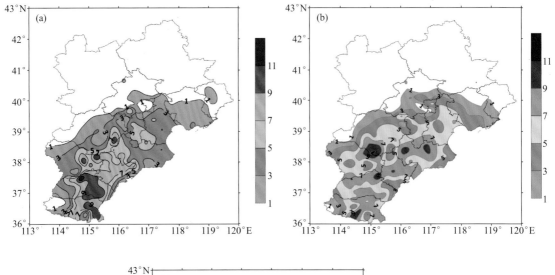

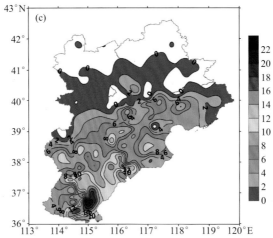

图 3.4　三次连续性大雾过程雾日空间分布（单位：d）

（a. 2002 年 12 月 9—18 日；b. 2007 年 12 月 18—28 日；c. 2012 年 1 月 8—31 日）

3.1.1.2　2007 年 12 月 18—28 日连续性大雾过程

这也是一次出现在我国东部、华北南部长江以北地区大范围的持续性大雾，河北平原尤其严重。持续 11 d 的大雾给交通运输、工农业生产造成了重大影响。以河北为例，石家庄机场上百次航班取消或延误，省内 40 余条高速公路封闭。

从雾区发展动态图看（图 3.2b），17—18 日雾在冀、鲁、豫三省交界处出现并开始向四周扩展，19—20 日雾区北部边界接近 40°N；21—22 日范围缩小，雾区北缘向南收缩；23 日雾区迅速北扩，24 日雾又迅速减弱，京津冀仅有 8 个站有雾（图 3.3b）；25—28 日雾范围又持续扩大，北缘达到 40°N。可见，这次大雾过程可分为 18—23 日和 25—28 日两个阶段。从图 3.2b 还可以看出，这次大雾过程达到浓雾和强浓雾的站数很多，有 4 d 强浓雾超过 20 站，最强的 20 日，浓雾 101 站，强浓雾 64 站，08 时京津冀所有大雾站点的平均能见度仅为 78 m，这也是 2000—2014 年雾强度最强的一天。从雾日的空间分布看（图 3.4b），雾出现最多的地方仍是京珠高速沿线和冀东平原的沧州、衡水，与 2002 年相似，雾日达 8～11 d，其中邢台的宁晋站雾日达 11 d。

3.1.1.3　2013 年 1 月 8—31 日连续性大雾过程

华北平原连续性大雾多发生在 11 月下旬至次年 1 月上旬，12 月发生的概率最大（李江波 等，2010），1 月相对较少，因此 2013 年 1 月出现如此时间长的连续性大雾实属罕见，其造成的影响也尤其突出。从图 3.3c 可以得出，这次大雾过程由三个阶段组成：8—19 日、21—25 日、27—31 日，在 24 d 中，除了 18 日、20 日、26 日雾站数较少外，其他 21 d 雾站数基本在 20 站以上，12 日最多，雾、浓雾、强浓雾站数分别为 111 站、96 站、23 站（总站数 140 站）。从京津冀雾日空间分布来看（图 3.4c），在 24 d 的时间里，大部分站点雾日在 8～19 d，雾的高发区位于平原东部，邯郸东部的邱县雾日达 19 d。

3.1.2　三次连续性大雾实况对比分析

表 3.2 给出了京津冀 40°N 以南地区 140 个站点的三次连续性大雾的统计情况，可以得出以下特征。

（1）从持续时间看，2013 年这次大雾持续 24 d，远远超过另外两次（10～11 d），但京津冀区域日雾站数≥30 站的天数所占比例（14/24）远小于另外两次（10/10 和 9/11），单站雾出现最多日数也是如此。

（2）从日平均出现雾（vis≤1.0 km）、浓雾（vis≤0.5 km）的站数看，2002 年 12 月 9—18 日最多，日平均分别为 75 站、60 站，在 12 d 中，每日都超过 40 站（图 3.3a）。

（3）从雾的强度看，2007 年这次连续大雾过程最强。08 时平均能见度为 0.28 km，强浓雾（vis≤0.05 km）日平均站数达 20 站，远大于另外两次（10 站、9 站）。

总的来说，2002 年大雾过程日平均雾站数最多，2007 年连续大雾过程强度最强（或者平均能见度最低）；2013 年连续时间最长。

表 3.2　三次持续 10 d 以上大雾天气过程统计

日期	持续日数(d)	日雾站数≥30站日数(d)	单站雾出现最多日数(d)	雾(vis≤1.0 km)日平均站数(站)	浓雾(vis≤0.5 km)日平均站数(站)	强浓雾(vis≤0.05 km)日平均站数(站)	08时平均能见度(km)	大雾类型统计
2002 年 12 月 9—18 日	10	10	10	75	60	10	0.32	辐射雾(5 d) 平流雾(3 d) 平流辐射雾(2 d)
2007 年 12 月 18—28 日	11	9	11	69	56	20	0.28	辐射雾(4 d) 平流雾(2 d) 平流辐射雾(3 d)
2013 年 1 月 8—31 日	24	14	19	69	44	9	0.37	辐射雾(11 d) 平流雾(3 d) 平流辐射雾(7 d)

3.2
秋冬季连续性大雾地面环流及气象要素特征

3.2.1　海平面气压场

　　以表3.1中三次连续10 d以上的大雾过程为例，分别给出了三次过程的平均海平面气压场（图3.5），可以看出，三次连续性大雾过程的地面形势非常相似，2002年12月9—18日（图3.5a），高压中心位于内蒙古东部到河北西北部，等压线在燕山和太行山相对密集，而在平原地区稀疏。从高压中心的强度值看，2002年12月9—18日和2013年1月8—31日的中心气压平均值为1034 hPa，而2007年12月18—28日仅为1028 hPa，表明2007年的这次大雾过程冷空气强度弱于另外两次（图3.5b，c）。对比图3.4b，c可以看出，处于高压南部等压线梯度大值区的河北省北部（39°～40°N，包括北京）和西部发生大雾的日数为2～4 d，明显少于处于等压线梯度小的其他地区（雾日8～19 d），说明雾区分布和地面气压场关系密切。

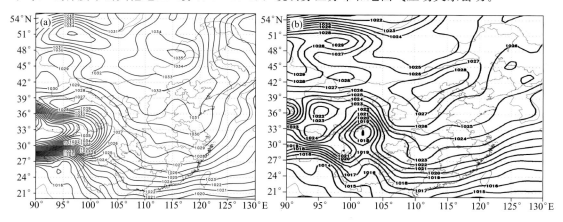

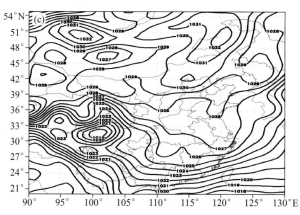

图 3.5　三次连续性大雾过程平均海平面气压场

（a. 2002年12月9—18日；b. 2007年12月18—28日；c. 2013年1月8—31日）

3.2.2　地面气象要素特征

统计三次 10 d 以上连续性大雾过程京津冀所有大雾站点 08 时的地面要素，如温度、露点温度、相对湿度、气温日较差及风速等平均状况（表 3.3），发现三次过程的平均气温日较差分别为 3.1 ℃、5 ℃、3.2 ℃，逐日平均气温日较差变化范围在 0.4～9.1 ℃；气温和露点温度的平均值为 −6～−2 ℃；平均温度露点差为 0～0.7 ℃；平均相对湿度为 94%～95%，逐日变化范围为 91%～97%；平均风速为 1～2 m/s，说明大雾多发生在微风条件下。

表 3.3　三次连续性大雾过程雾站点地面要素统计

日期	平均日较差(℃)	08 时平均气温(℃)	08 时平均露点温度(℃)	08 时平均温度露点差(℃)	08 时平均相对湿度(%)	08 时平均风速(m/s)
2002 年 12 月 9—18 日	3.1 (0.5～6)	−4 (−6.7～−1.1)	−3.7 (−7.7～−1.5)	0.7	95 (93～97)	1.1
2007 年 12 月 18—28 日	5 (1.4～9.1)	−2.1 (−3.5～0.2)	−2.8 (−3.1～−0.9)	0.7	95 (94～96)	1
2013 年 1 月 8—31 日	3.2 (0.4～8.1)	−6 (−9.7～−1.4)	−6 (−10.7～−2)	0	94 (91～97)	2

图 3.6a 为三次连续性大雾过程风向频率分布图，同时给出了静风所占比例。可以看出，大雾发生时静风所占比例为 21%；偏北风和偏南风分别为 22% 和 18%；偏西风占 13%，偏东风所占的比例最小，仅为 9%。雾日较多的宁晋（位于京珠高速沿线）和邱县（位于河北平原东南部）大雾期间风向频率分布（图 3.6b，c）也反映了这一规律，但这两个站的不同之处在于，宁晋的最多风向为 NW、WNW、SW，占 36%，邱县则是 N、NNW 风所占比例最多，为 37%。

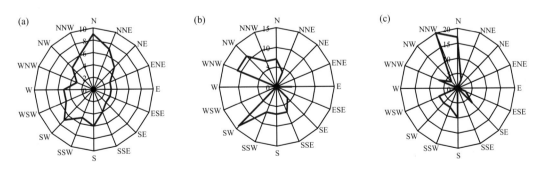

图 3.6　连续性大雾过程风向频率统计（单位：%）

（a.所有雾站；b.宁晋；c.邱县）

图 3.7 为 2000—2014 年京津冀 10 城市大雾过程 08 时风向频率分布图，可以看出，在大雾发生时，各站点风向分布频率有一定的规律可循，那就是主导风向与所处地理位置有关，可分为三个区域。

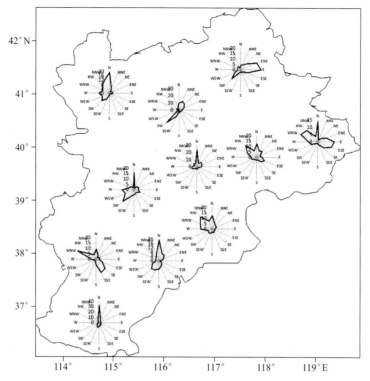

图 3.7 2000—2014 年京津冀 10 城市大雾过程风向频率统计（单位：%）

（1）平原地区的北京、廊坊、邢台、邯郸、衡水大雾发生时主导风向为北风和南风，除保定外，北风的频次更大。

（2）东北部沿海的唐山、秦皇岛、沧州则以东风、西风为主导风向。

（3）石家庄比较特殊，以西北风和东南风为主。

3.3
秋冬季连续性大雾高空环流及气象要素特征

3.3.1 高空环流场特征

仍以表 3.1 中三次连续 10 d 以上的大雾过程为例。从 500 hPa 平均位势高度场看，三次长时间连续性大雾过程的高空环流形势也极其相似（图 3.8），亚洲中高纬为一槽一脊，低槽位于里海和巴尔喀什湖之间，贝加尔湖为一高压脊，我国北方大部分地区受弱高压脊控制，以西北偏西气流为主。700 hPa、850 hPa 直至 1000 hPa，华北地区也都处在高压脊的控制下（图略）。还有一点值得注意的是：三次大雾过程的平均高度值也基本相同，如华北区域均处于 544～564 dagpm 等高线之间。在这种环流背景下，大气以下沉运动为主，天空云量较少，有利于夜间近地层大气降温，容易出现辐射雾。例如在 2013 年 1 月连续 24 d 的大雾中，有 11 d 是辐射雾（表 3.2）。同时，由于高空冷空气势力较弱，容易出现静稳形势，有利于大雾出现。

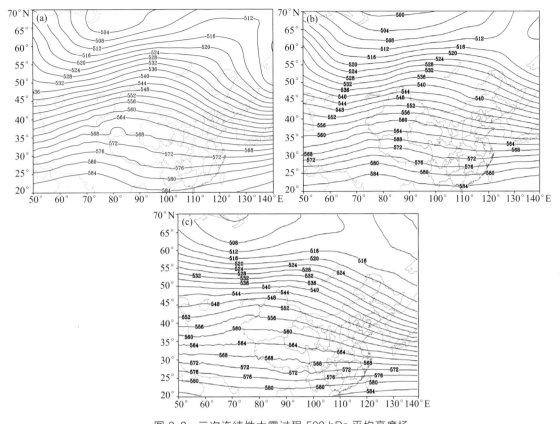

图 3.8 三次连续性大雾过程 500 hPa 平均高度场
（a. 2002 年 12 月 9—18 日；b. 2007 年 12 月 18—28 日；c. 2013 年 1 月 8—31 日）

分析连续性大雾发生时的西风指数，可以发现大雾基本出现在西风指数高值区间。图 3.9a 为 2002 年 12 月西风指数和多年平均西风指数变化时序图，可以看出 12 月 1—4 日和 9—19 日两个连续性大雾发生时段均处于西风指数高值区，其数值明显高于多年平均值，说明 500 hPa 盛行纬向环流，12 月 20 日以后，西风指数明显下降，低于多年平均，环流转为经向环流，基本没有大雾出现。

图 3.9b 和 c 分别给出了 2011 年和 2003 年 10 月逐日西风指数及多年平均西风指数，2011 年 10 月为多雾月份，9—13 日、19—23 日、27—31 日出现了连续性大雾过程，三个雾日时段所对应的西风指数均高于多年平均，说明纬向环流背景下易出现连续性大雾；2003 年 10 月为少雾月份，仅月底 28—31 日出现了大雾，其他时段西风指数明显低于多年平均，盛行经向环流，不易出现大雾。

3.3.2 高空湿度场特征

表 3.4 给出了三次连续性大雾过程中邢台站 08 时高空各层次相对湿度和温度露点差的平均状况，可以看出，1000 hPa 平均相对湿度为 83%，温度露点差为 3 ℃；而 850 hPa、

700 hPa、500 hPa 平均相对湿度为 23％～39％，三层平均为 29％，露点温度差为 13～18 ℃，三层平均为 16 ℃，可见湿度的空间结构为"上干下湿"。

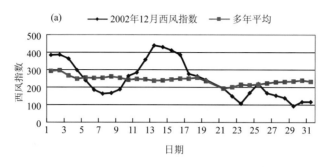

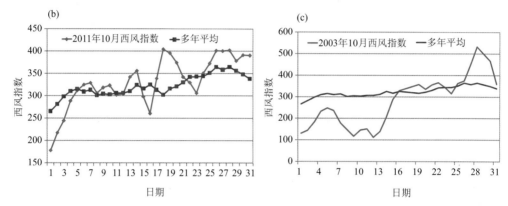

图 3.9　连续性大雾过程西风指数及多年平均西风指数
（a. 2002 年 12 月；b. 2011 年 10 月；c. 2003 年 10 月）

表 3.4　三次连续性大雾 08 时高空湿度特征统计

日期	高空平均相对湿度（％）					高空平均温度露点差（℃）				
	1000	925	850	700	500	1000	925	850	700	500
	(hPa)					(hPa)				
2002 年 12 月 9—18 日	88	65	44	29	19	2	6	10	16	17
2007 年 12 月 18—28 日	79	51	47	29	27	3	10	11	16	14
2013 年 1 月 8—31 日	81	41	27	15	24	3	13	18	22	17
总平均	83	52	39	24	23	3	10	13	18	16

从三次连续性大雾过程的 700 hPa 平均湿度场的空间分布（图 3.10）可以看出，从北向南（45°～30°N）的区域内，相对湿度呈现"高低高"的分布特征，京津冀平原大部平均相对湿度为 25％～35％，而其南北两侧为 40％～70％。从 1000 hPa 的平均湿度场看（图略），三次大雾过程平原地区的平均相对湿度为 55％～85％，从表 3.3 看出地面平均相对湿度为 91％～97％，表明雾区湿度场空间分布呈现"上干下湿"的特征。

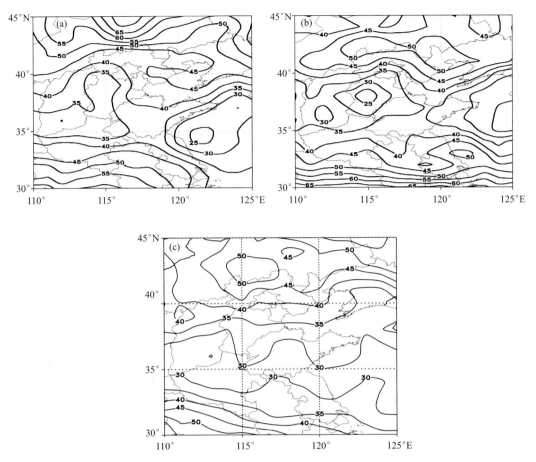

图 3.10　连续性大雾过程 700 hPa 平均湿度场（单位：%）

（a. 2002 年 12 月 9—18 日；b. 2007 年 12 月 18—28 日；c. 2013 年 1 月 8—31 日）

图 3.11a 为 2002 年 12 月 10—19 日大雾过程平原地区（115°~117°E，36°~39°N）平均湿度场的高度—时间剖面图，可以看出，大部分时间 900~500 hPa 相对湿度为 10%~30%，干性特征明显，说明中高层少云，有利于辐射降温；而边界层 900 hPa 以下相对湿度一般在 50%~90%。从 2002 年 12 月 11 日 08 时邢台站的 t-$\ln p$ 图（图 3.11b），也可以看出这种"上干下湿"的结构，湿层在 950 hPa 以下，相对湿度接近 100%，而 950 hPa 以上为干层。湿度场的"上干下湿"结构是大雾天气的重要特征。

3.3.3　高空温度场特征

秋冬季大雾发生时，京津冀 850 hPa 及 925 hPa 通常为一暖脊或暖中心，而近地层 1000 hPa 为冷温槽。以表 3.1 中三次连续 10 d 以上的大雾过程为例，高空平均温度场特征在 850 hPa、925 hPa 和 1000 hPa 上表现明显，850 hPa（图 3.12a~c）、925 hPa（图略）上从河南北部到河北为从西南伸向东北的暖脊，三次过程温度场非常相似，控制华北平原的暖脊温度变化范围 850 hPa 为 −6~−2 ℃，925 hPa 为 −2~2 ℃（图略）。在 1000 hPa 平均温

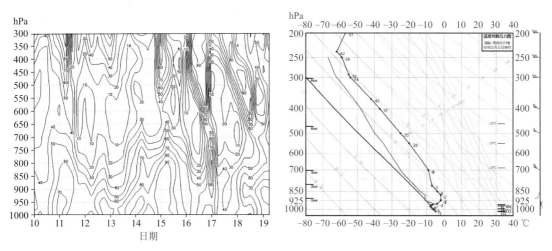

图 3.11　2002 年 12 月 10—19 日平原地区（115°～117°E，36°～39°N）
湿度场高度—时间剖面图（a，单位：%）和 11 日 08 时邢台站探空图（b）

度场则恰恰相反（图 3.12d～f），华北平原受东北—西南向的冷温槽控制，说明近地层有弱冷空气从东北平原扩散南下，导致近地层大气降温。这种温度场的空间配置有利于逆温的形成、加强和维持，从而有利于大雾的生成与维持。

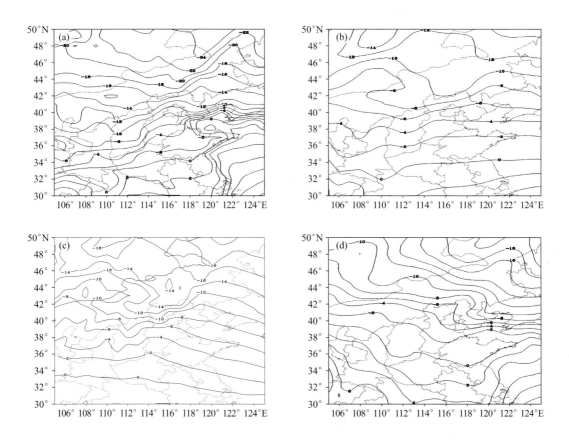

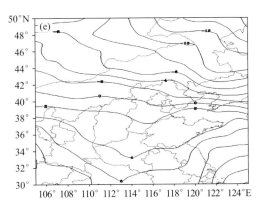 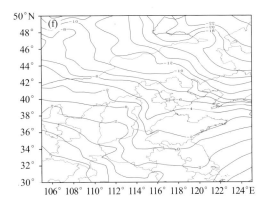

图 3.12　连续性大雾过程 850 hPa（a~c）和 1000 hPa（d~f）温度场平均

（a、d. 2002 年 12 月 9—18 日；　b、e. 2007 年 12 月 18—28 日；　c、f. 2013 年 1 月 8—31 日）

温度场另外一个显著特点是 1000 hPa 的温度明显高于地面温度。图 3.13 给出了 2007 年 12 月 19—28 日连续大雾过程 08 时 1000 hPa 平均温度和地面平均温度之差，可以看出，平原地区 1000 hPa 的平均温度比地面平均温度高 4~6 ℃。冬季京津冀平原 1000 hPa 的高度一般在 200 m 上下，说明在近地层 200 m 以下有很强的逆温，有利于大雾的生成与维持。这一点在实际预报工作中容易被忽视，原因是预报中使用的 t-$\ln p$ 层结曲线是以 1000 hPa 为起点的，有一些大雾过程 1000 hPa 以上是没有逆温层存在的。

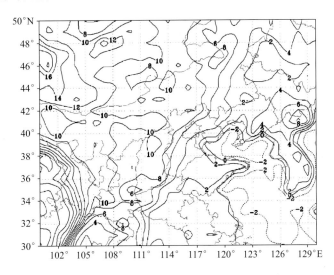

图 3.13　2007 年 12 月 19—28 日大雾过程 08 时 1000 hPa 平均温度与地面平均温度之差（单位：℃）

3.4
秋冬季连续性大雾边界层统计特征

大雾是发生在边界层的天气现象，稳定层结（逆温层）是生成大雾的重要条件之一，雾层一般在逆温层以下（黄建平 等，1998）。三次连续性大雾过程的逆温平均特征如表 3.5 所示。

表 3.5　三次连续性大雾逆温层特征统计（根据 08 时邢台探空统计）

日期	逆温层底平均高度（hPa）	逆温层顶平均高度（hPa）	逆温层平均厚度（hPa）	最大逆温层厚度（hPa）	平均逆温（℃）	最大逆温（℃）
2002 年 12 月 9—18 日	982 （约 370 m）	912 （约 960 m）	71 （约 580 m）	150	6	9
2007 年 12 月 18—28 日	1004 （约 220 m）	943 （约 700 m）	61 （约 480 m）	112	4	10
2013 年 1 月 8—31 日	981 （约 370 m）	921 （约 870 m）	63 （约 500 m）	150	9	16

（1）就逆温层底的平均高度而言，2002 年 12 月的连续性大雾和 2013 年 1 月较接近，在 980 hPa（约 370 m）上下，而 2007 年 12 月 18—28 日则较另外两次偏低，为 1004 hPa（约 220 m），可见三次连续性大雾过程雾层平均高度在 370 m 以下，说明以辐射雾为主。

（2）2002 年、2007 年、2013 年三次连续大雾的逆温层顶分别为 912 hPa（约 960 m）、943 hPa（约 900 m）、921 hPa（约 870 m）。

（3）从逆温层平均厚度看，2002 年 12 月连续性大雾为 71 hPa（约 580 m），较另外两次 61 hPa（约 480 m）、63 hPa（约 500 m）厚，而最大逆温厚度达 150 hPa（约 1200 m），出现在 2002 年 12 月 14 日和 2013 年 1 月 13 日。

（4）三次连续性大雾过程的平均逆温值分别为 6 ℃、4 ℃、9 ℃，而最大逆温值达到 16 ℃，出现在 2013 年 1 月 14 日。

图 3.14 给出了三次连续性大雾过程邢台站高空温度和露点温度的平均温湿廓线，其中 2013 年 1 月 8—31 日（图 3.14c）为 L 波段加密探空平均，可以发现，三次过程的探空曲线较为相似，925 hPa 以上的温度露点差为 10～16 ℃，925 hPa 以下尤其是 1000 hPa 以下的温度露点差为 0～1 ℃，具有典型的"上干下湿"层结；温度曲线（蓝线）在逆温层以上接近湿绝热。在 925 hPa 以下，风速较小；高空风随高度呈顺时针转动，说明雾层之上以暖平流为主；平均逆温层顶在 925 hPa 以下，雾层（温度露点差小于 1 ℃）在 1000 hPa（210～240 m）以下，表明连续性大雾过程以辐射雾为主，这一点从表 3.1 和表 3.2 的大雾类型统计也可以证明，如 2013 年 1 月 8—31 日 24 d 的大雾中，有 11 d 是辐射雾。

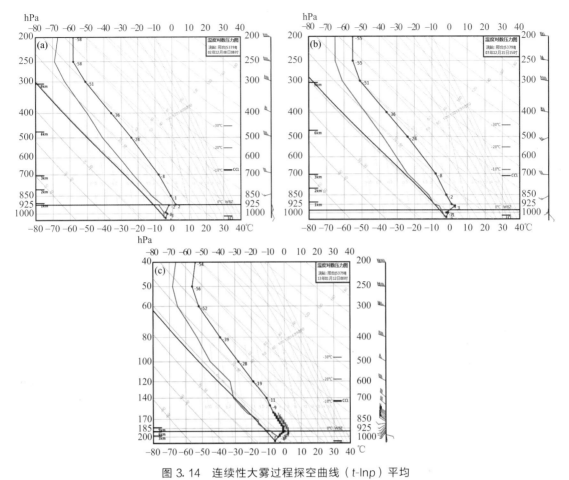

图 3.14　连续性大雾过程探空曲线（t-lnp）平均
（a. 2002 年 12 月 9—18 日；b. 2007 年 12 月 18—28 日；c. 2013 年 1 月 8—31 日）

3.5
纬向环流和经向环流背景下的连续性大雾

3.5.1　纬向环流背景下的连续性大雾

　　京津冀连续性大雾绝大多都发生在纬向环流背景下，一次连续性大雾不是单一类型的雾，通常是几种类型的雾交替出现，由于 500 hPa 环流平直，因此多短波槽活动，在 700 hPa 和 850 hPa 上表现为高空槽快速东移，一次连续性大雾过程伴有几次高空槽经过，由此带来雾的种类发生变化。连续性大雾开始时，通常是辐射雾；当高空槽东移，河北平原受槽前西南气流控制时，雾多以平流雾为主，且大雾持续时间较长，整日维持低能见度；当槽过后转为西北气流控制时，雾的类型转为辐射雾；当 850 hPa 上，河北平原处于高压脊或高压脊后部时，雾的类型多为平流辐射雾。图 3.15 为 2007 年 12 月 19 日 08 时—28 日 14 时

850 hPa风场沿115°E纬向—时间剖面图及每日大雾站数，可以看出，在这次持续10 d的大雾天气过程中，其性质演变过程：12月18日前半夜有一弱槽快速过境，后半夜受西北气流控制，天气转晴，19日早晨辐射降温明显，出现了75个站的辐射雾；19日白天、22日、27日分别有3个高空槽过境，这几天大雾以平流雾为主，平原大部分站点大雾全天维持。20—21日、23—26日分别受高压及高压后部控制，为平流辐射雾；28日，强冷空气到来，高空转为西北气流，地面气压梯度加大，逆温层破坏，大雾过程结束。2002年12月9—19日，连续11 d的大雾也是这种情况（图略），大雾形成初期主要成因为雪后的辐射雾，整个大雾过程也有3个高空槽过境，但大雾过程结束是第4个高空槽所带来的降水导致稳定层结破坏所致。

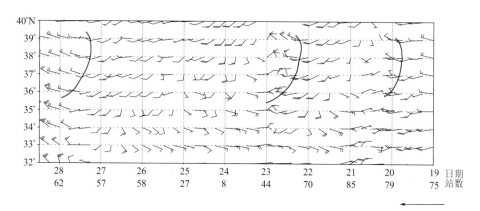

图3.15　2007年12月19日08时—28日14时850 hPa风场沿115°E纬向—时间剖面图及每日大雾站数

3.5.2　经向环流背景下的连续性大雾

在经向环流背景下，也可以出现连续性大雾，但比较少见，大雾的类型以辐射雾为主，其次是平流雾。其特点是：

（1）欧亚洲中高纬为两槽一脊，槽脊移动缓慢，冷空气势力较弱，高空风速较小。

（2）大雾发生前，河北有较强降雪出现，降雪结束后，转受高压脊控制，且高压脊控制河北时间较长。

（3）雪面的强烈辐射降温作用和融雪降温增湿作用，导致地面气温较低，近地层湿度较大，而高空温度变化较小，925 hPa以下较强的逆温长期存在，大雾天气持续。

（4）大雾结束的方式通常是强冷空气入侵。

2006年12月31日—2007年1月5日持续6 d的连续性大雾就是这种情况。大雾发生前2006年12月29—31日河北省连续3 d降雪，过程雪量达中到大雪，大雪过后，2007年1月1—4日高空转受弱高压脊控制，导致连续4 d的强辐射雾，雾的浓度大、范围广、持续时间长且终日不散，其中2—4日每天的大雾站数都在100站左右。从沿115°E的850 hPa等压面上的位势高度—时间演变图（图3.16）可以看出，京津冀大部（36°~40°N），2007年1月1—4日受高压控制，中心强度达1560 gpm，4—5日有一低值系统经过，雾的类型从辐射雾转为平流辐射雾，5日冷锋过境，大雾结束。图3.17为石家庄附近（38°N，115°E）风场的高度—时间剖面图，可以看出，1—4日高空以北到西北气流为主，风速很小，

600 hPa 以下风速基本在 6 m/s 以下，4 日白天开始，一高空槽东移，槽后西北风加大，850 hPa 以下风速大于 12 m/s，从地面图（图略）可以看出有一冷锋相配合，冷锋于 5 日上午扫过河北，持续 5 d 的大雾结束。

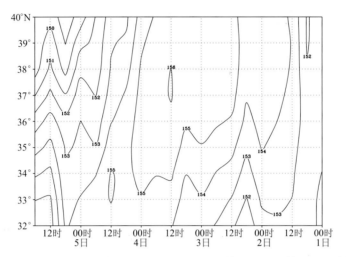

图 3.16　2007 年 1 月 1 日 08 时—5 日 20 时沿 115°E 的 850 hPa 等压面上的位势高度—时间演变图

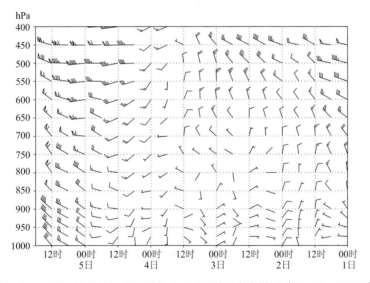

图 3.17　2007 年 1 月 1 日 08 时—5 日 20 时石家庄附近（38°N，115°E）风场的高度—时间剖面图

　　综上所述，河北平原连续性大雾初始生成阶段多为辐射雾，其成因多为高空槽快速过境后转晴导致的辐射降温，或者是持续阴雨雪之后近地层增湿；大雾维持阶段多为与快速移动的短波槽相伴的平流雾、辐射雾或平流辐射雾；大雾结束多为强冷空气入侵，少数为新一轮的较强降水过程出现。

3.6
京津冀平原多连续性大雾的原因及维持机制分析

3.6.1 地形作用

京津冀平原是华北平原的一部分。华北平原北倚燕山、西靠太行山、东临渤海。一些具有区域特色的特殊天气如华北回流、太行山东麓焚风、华北干槽都和太行山地形相联系。西部的太行山和北部的燕山半环抱华北平原。燕山呈东西走向，北部和坝上高原（属内蒙古高原）相连，东西长约 420 km，南北最宽处近 200 km，海拔 600～1500 m（图 3.18a，阴影），最高峰雾灵山海拔 2166 m。太行山系呈东北—西南走向，西接山西高原（属黄土高

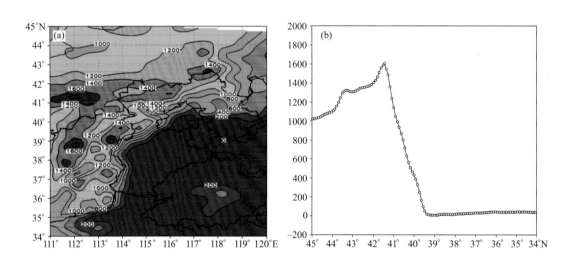

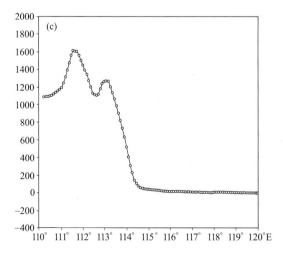

图 3.18　华北地形高度图（a）及其沿 116°E（b）和 38°N（c）剖面（单位：m）

原），南北长约 600 km，东西宽约 180 km，海拔高度在 2000 m 以上的高山很多，其中最高峰小五台山海拔 2880 m。从沿 116°E 的南北向剖面图（图 3.18b）和沿 38°N 东西向剖面图（图 3.18c）看，燕山南坡和太行山东坡为陡峭的阶梯状下沉地形，相比而言，太行山的坡度更大。地形对华北平原大雾的影响表现在以下三个方面。

第一，冬季影响华北的冷空气以西北或偏西路径为主，由于群峰林立的燕山和太行山半环抱华北平原，如一天然屏障，对西北或西来的冷空气起到阻挡和削弱作用。当中纬度环流平直，冷空气势力较弱时，一方面，受河北北部燕山和西部太行山阻挡，冷空气在山脉的北部和西侧堆积，在内蒙古中东部形成一地面高压，冷空气分股扩散南下，造成等压线西北梯度大、东南部小的格局（图 3.5a～c），华北平原始终处于弱气压场控制之下，易出现静稳形势，有利于雾、霾的出现。另一方面，燕山北部的弱冷空气东移进入东北平原，受长白山阻挡，在低层从东北平原经渤海南下扩散至河北平原，有利于近地层大气的降温冷却，从而更接近露点温度，使大气趋于饱和，有利于大雾的出现，这一点从 1000 hPa 风场（图 3.19a）及地面风场（图 3.19b）可以看出，京珠高速以东的河北平原大部分为弱的东北风，在 1000 hPa 温度场（图 3.12d～f）则表现为冷温槽。

第二，西北或偏西路径的弱冷空气越过近似南北走向的太行山，下沉增温，有利于平原地区近地层逆温层的维持或加强。以 2002 年 12 月 9—19 日持续性大雾过程 850 hPa 平均风场为例，可以看出（图略），华北大部分地区受西北偏西气流控制，气流越山后，下沉增温。从 500 hPa 和 850 hPa 垂直速度场看（图 3.21a，b），华北大部分地区为弱的下沉气流，垂直速度自太行山向平原递减，下沉速度为 0～0.1 Pa/s。从平原地区温度的垂直剖面（图 3.20b）可以看出，在 900 hPa 以下形成逆温，大气层结稳定。

第三，太行山地形的另一个作用是有利于地面辐合线的生成。图 3.19 给出了 2002 年 12 月 9—19 日一次持续性大雾过程 08 时 1000 hPa 风场和地面风场的平均场，可以看出，河北平原存在一条东北—西南向且与太行山平行的地形辐合线，这条辐合线基本和京珠高速的位置一致，辐合线以西是西北风，以东为北到东北风，另外两次连续性大雾的地面和1000 hPa 的平均风场也是如此（图略）。可见，在河北平原，近地层存在着一条与京珠高速

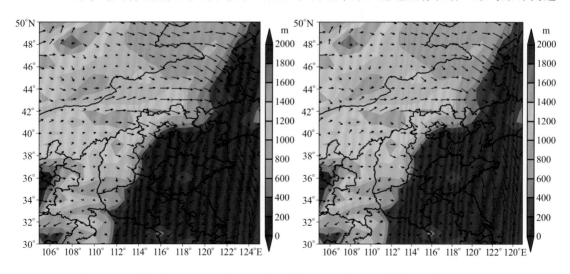

图 3.19　2002 年 12 月 9—19 日 08 时 1000 hPa 风场（a）和地面风场（b）平均
（单位：m/s，阴影为地形高度）

平行、近似重合的辐合线，这条辐合线的存在有利于近地层的水汽和大气污染物的聚集，从而有利于雾和霾的生成，这可以解释京珠高速沿线多雾的原因。那么这条地形辐合线是怎么形成的呢？主要由山区和平原的热力差异造成，夜间，西部的太行山降温较平原快，造成太行山区温度低，平原温度高，导致山风下泻，吹向平原，与近地层平原东部的东北风相遇形成辐合线，由于高空环流平直，冷空气强度较弱，因此从东北平原经渤海回流至华北平原的东北风的厚度较浅薄，所以这条地形辐合线的空间伸展高度也较低，在 1000 hPa（约200 m）以下。

3.6.2 "干性"短波槽作用

如前所述，京津冀连续性大雾绝大多数发生在纬向环流背景下，而在这种环流下的一个特征是多短波槽活动。短波槽有的来自新疆，经河套东移影响华北；有的是高原东移影响华北南部。这些短波槽一个最明显的特征是"干性"短波槽，即高层湿度较小（10%～40%），尤其在 850 hPa 以上表现明显。这种"干性"短波槽对京津冀平原大雾的发生、维持、发展加强具有重要作用，通常会导致雾的范围扩大、强度增强，同时也会使雾的类型发生变化，当京津冀处于高空槽前时，雾一般以平流雾为主，高空槽过后，转为辐射雾。图 3.20 给出2013 年 1 月 8—31 日连续性大雾过程河北东南部（115°E，37°N）风场、湿度场（图 3.20a）和温度场（图 3.20b）的时间—高度剖面图，可以看出，12 日、14 日、19—20 日、24 日分别有 4 个短波槽过境，除了 19—20 日整层湿度都较大的短波槽带来明显的降雪导致雾减弱外，其余 3 个短波槽湿度场空间结构都具有明显的干性特征，925 hPa 以上相对湿度为10%～30%，导致雾维持或加强。例如，第一个短波槽（12 日）过后，京津冀雾站数从 50站增加至 110 站；第二个短波槽（13 日）过后，雾站数从 45 站增加至 94 站；第四个短波槽（23 日）影响，雾站数维持在 80 站以上。造成这种现象的原因有以下几个方面。

（1）高空短波槽呈干性，说明高空无云或少云，有利于夜间地面辐射冷却降温，从而有利于雾的生成和维持；相反，如果是湿度很大的高空槽移过，则可能会导致降水或云量增多，进而使大雾减弱或消散。

（2）高空槽前暖平流的输送使逆温增强增厚（平流逆温），使近地层层结更加稳定，有利于大雾增强和维持。从温度场的时间—高度剖面（图 3.20b）可以看出，伴随着 12 日、14 日、24 日、28 日 4 个短波槽活动，低空分别在 975～850 hPa 出现了 2～6 ℃的逆温，对应 11—14 日、22—24 日、27—31 日 3 个阶段的大雾维持和加强。从 850 hPa 沿 37°N 所作温度平流的经度—时间剖面（图 3.20c）可以看出，大雾持续期间，雾区（115°～118°E）有弱的暖平流输送，其值一般小于 0.5×10⁻⁴ ℃/s，其中 11—14 日、23—24 日、27—29 日暖平流输送较强的时段分别对应着较强的浓雾时段。

（3）高空槽前西南气流将南方的暖湿空气向华北平原输送，流经华北平原冷下垫面，冷却凝结易形成平流雾。如果高空槽白天过境，会导致大雾没有明显的日变化，在中午仍然有大片的雾区，例如 2002 年 12 月 14 日和 15 日，2007 年 12 月 26 日，2013 年 1 月 14 日、30日和 31 日都是典型的平流雾，可以发现，在 14 时地面图上仍然维持大片的雾区（图略）。

（4）短波槽过后，华北平原高空转受西北气流控制，大气的下沉运动导致天空晴朗和下沉逆温，有利于辐射雾的形成。

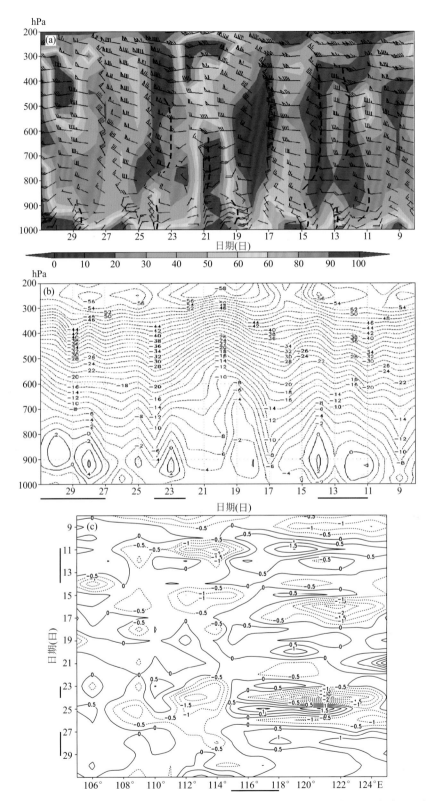

图 3.20 2013 年 1 月 8—31 日连续性大雾过程（a.08 时高空风场和相对湿度（阴影）沿
（116°E, 37°N）高度—时间剖面图（单位：m/s，%）；b.温度场高度—时间剖面
（单位：℃）；c.850 hPa 温度平流沿 37°N 经度—时间剖面（单位：℃/s））

3.6.3 大尺度下沉运动作用

分别计算三次连续性大雾过程地面到高空的垂直速度平均场，发现京津冀大部分地区以下沉运动为主。在平原地区，500 hPa 及以上层次下沉气流相对明显，700 hPa 及以下下沉运动相对较弱，在近地面层（1000 hPa 以下），平原部分地区出现弱的上升运动。图 3.21 给出了 2013 年 1 月 8—31 日连续性大雾过程 08 时高空垂直速度平均场，可以看出，500 hPa，华北平原大部分地区 08 时平均垂直速度为 0.1～0.2 Pa/s（图 3.21a）；850 hPa，08 时平均垂直速度为 0～0.1 Pa/s（图 3.21b）；1000 hPa，在河北东部平原出现了弱的上升运动，平均垂直速度为 −0.1～0 Pa/s（图 3.21c）。另外两次过程也比较类似（图略）。

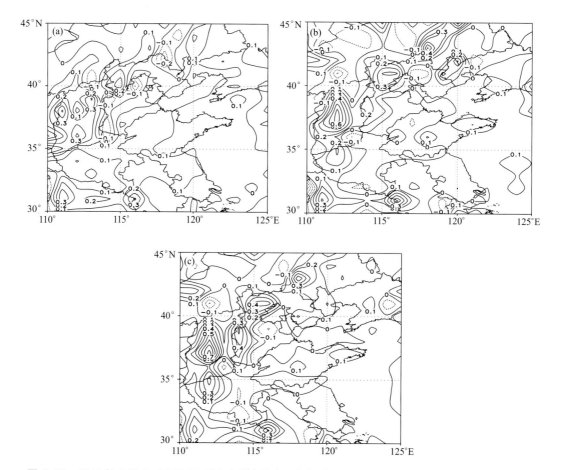

图 3.21　2013 年 1 月 8—31 日 08 时高空垂直速度平均场（a. 500 hPa；b. 850 hPa；c. 1000 hPa）

从 2013 年 1 月 8—31 日 08 时平原东南部（116°E，37°N）垂直速度的时间—高度剖面图（图 3.22）看出，1 月 8—31 日，700 hPa 及以上基本为下沉气流，垂直速度值为 0.1～0.8 Pa/s，而在 900 hPa 以下，则以弱的上升气流为主，上升速度为 −0.4～−0.1 Pa/s。从图中还可以看出，每伴随一次下沉气流的加强和向低层伸展，都伴随着一次大雾的加强或维持。例如，11—12 日，中高层从弱的上升运动转为下沉运动，大雾从 50 站增加到 111 站；

22—24日，900 hPa 以上均为下沉气流，最大下沉速度达 0.8 Pa/s，伴随这次强的下沉运动，大雾站数从 14 站发展到 100 站，并连续 3 d 维持在 80 站以上；29—30 日，从下沉运动转为上升运动，大雾站数从 70 站减为 36 站；18—19 日，上升运动较强，达到 −0.4 Pa/s，出现了降雪，导致大雾明显减弱。

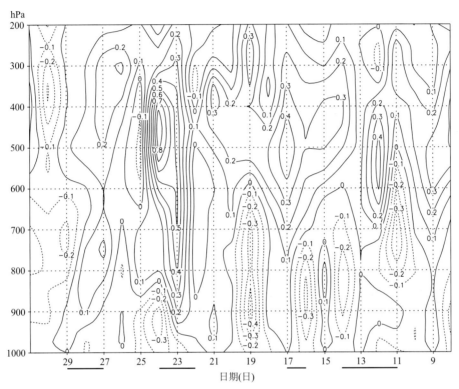

图 3.22　2013 年 1 月 8—31 日连续性大雾过程垂直速度沿（116° E，37° N）
时间—高度剖面图（单位：Pa/s）

从以上分析可见，华北平原维持大尺度的下沉运动一方面有利于夜间晴空的存在，另一方面其导致的下沉逆温限制了边界层之上的混合作用，从而有利于大雾的出现。当下沉运动加强时，低层稳定层结进一步加强和维持，从而导致大雾范围扩大、强度变强；当下沉运动减弱或中低层上升运动加强时，低层逆温层减弱或导致将雾抬升为低云，从而大雾减弱。

3.6.4　京津冀持续性大雾维持机制

高空纬向环流长时间维持导致的冷空气活动偏弱，加上太行山、燕山对冷空气的阻挡和削弱造成的京津冀平原长期静稳天气形势，是平原大雾长时间维持的根本原因。纬向环流背景下多个"干性"短波槽活动和大尺度下沉运动导致大雾维持和加强。另外，太行山地形造成的地形辐合线及偏西气流越过太行山下沉增温导致的层结更加稳定也是平原大雾加强和维持的重要原因（图 3.23）。

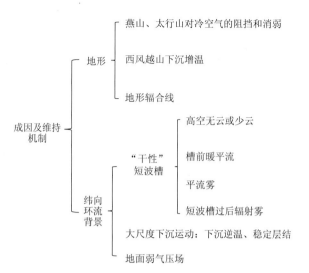

图 3.23　京津冀持续性大雾成因及维持机制

3.7
京津冀秋冬季连续性大雾预报着眼点

根据以上分析，给出京津冀秋冬季连续性大雾的预报着眼点。

（1）京津冀秋冬季连续性大雾通常发生在纬向环流背景下，有一个逐渐发展的过程，当纬向环流形势长期维持，大雾站数开始呈现逐日增多趋势时，应考虑大范围持续性大雾发生；而这种大范围的大雾一旦出现，如果环流形势没有根本的变化，大雾仍将维持或发展，即"以雾报雾"。

（2）当大雾发生在纬向环流背景下，期间快速东移的短波槽湿度场空间结构具有"上干下湿"的特征时，往往会导致大雾进一步发展或维持。但如果短波槽整层湿度条件较好，将造成云量增多，导致大雾减弱、范围缩小。

（3）在大范围雨雪过后，如果高空长时间受高压脊控制，且高空风速较小，也会产生连续性大雾。

（4）连续性大雾的结束除了因为强冷空气入侵带来的逆温层破坏、地面风速加大所致外，降水、云量增多也可导致大雾消散。

3.8
本章小结

本章在分析京津冀三次持续 10 d 以上的连续性大雾天气过程的基础上，重点分析了京津冀秋冬季连续性大雾的高空、地面环流及气象要素特征、边界层特征，探讨了京津冀平原地区多连续性大雾的原因和维持机制，给出了京津冀地区秋冬季连续性大雾的预报着眼点，主要结论如下：

（1）京津冀地区连续性大雾多发生在冬季的 11 月下旬到次年 1 月上旬，12 月发生的概率最高，具有渐发性、稳定性、雾种类多样性、能见度日变化不明显等特点。

（2）京津冀秋冬季连续性大雾的海平面气压场形势为：高压中心位于内蒙古东部到河北西北部，等压线在燕山和太行山相对密集，而在平原地区稀疏。大雾发生时，地面各气象要素的平均值为：气温日较差变化范围为 0.4～9.1 ℃；温度和露点温度为 −6～−2 ℃；温度露点差为 0～0.7 ℃；相对湿度为 94%～95%，风速在 1～2 m/s。

（3）京津冀秋冬季连续性大雾发生在纬向环流背景下，湿度场的空间结构为"上干下湿"，1000 hPa 平均相对湿度为 83%，温度露点差为 3 ℃；而 850 hPa、700 hPa、500 hPa 平均相对湿度为 23%～39%，露点温度差为 13～18 ℃。高空温度场特征：850 hPa、925 hPa 上京津冀地区受从西南伸向东北的暖脊控制，在 1000 hPa 上受东北—西南向的冷温槽控制，温度场的空间配置有利于逆温的形成、加强和维持。

（4）高空纬向环流长时间维持导致冷空气活动偏弱，加上太行山、燕山对冷空气的阻挡和削弱，造成京津冀平原长期静稳的天气形势，是平原大雾长时间维持的根本原因。纬向环流背景下多个"干性短波槽"活动和大尺度下沉运动导致大雾维持和加强。另外，太行山地形造成的地形辐合线，以及偏西气流越过太行山下沉增温导致的层结更加稳定，都是平原大雾加强和维持的重要原因。

（5）京津冀秋冬季连续性大雾的预报着眼点

①主要发生在纬向环流背景下，有一个逐渐发展的过程，当纬向环流形势长期维持，大雾站数开始呈现逐日增多趋势时，应考虑大范围持续性大雾发生；而这种大范围的大雾一旦出现，如果环流形势没有根本的变化，大雾仍将维持或发展，即"以雾报雾"。

②当大雾发生在纬向环流背景下，期间快速东移的短波槽湿度场空间结构具有"上干下湿"的特征时，往往会导致大雾进一步发展或维持。

③大范围雨雪过后，高空风速较小的经向环流控制下，也会产生连续性大雾。

④强冷空气入侵带来的逆温层破坏及地面风速加大、较强降水、云量增多均可导致连续性大雾消散。

第4章 京津冀夏季雾的特征与预报

目前针对雾的研究成果虽较多，但基本上是针对秋冬季大雾的。从知网检索主题"雾"可以检索到 2578 篇文献，但其中"夏季雾""夏季浓雾"只检索到 19 篇，可见对夏季雾的研究甚少。宗晨等（2019）对江苏省夏季浓雾的时空分布特征及影响因子进行了分析研究，认为夏季浓雾易在气温小于 29 ℃、风速小于 3 m/s，且盛行偏东风的条件下形成；成雾前 6～24 h 出现的弱降水为近地层提供水汽，此后天气转晴，静稳的大气层结下有利于夏季浓雾的出现；低温高湿的梅雨期是夏季浓雾在 6 月高发的可能原因。廖晓农等（2014）通过对比分析，揭示了冬、夏季持续 6 d 的 2 个雾/霾过程形成和维持机制的异同，认为气溶胶区域输送、环境大气保持对流性稳定、空气的高饱和度是夏季持续性雾/霾天气发生的重要条件；夏季雾/霾过程低层没有逆温，但是北京上空一直维持超过 200 J/kg 的对流抑制能量，它同样限制了污染物的垂直扩散。

在夏季，由于昼长夜短，夜间有效长波辐射降温较秋冬季明显减弱，同时大气层结多为不稳定层结，使得夏季雾的发生概率相对较小，连续性大雾更少，因此预报难度较大，容易出现漏报。而大雾一旦出现，会对交通造成重大影响，危及生命安全。可见，加强夏季雾的研究工作，掌握其特征、规律及发生机制，对提高夏季雾的预报水平有重要意义。本章将应用高时空分辨率的地面和高空观测资料及 ERA5 再分析资料，分析京津冀地区夏季雾的主要特征，并建立预报概念模型。

4.1 夏季雾的时空分布特征

4.1.1 空间分布特征

4.1.1.1 年平均雾日空间分布

京津冀夏季年平均雾日为 3.3 d，空间分布存在一定差异（图 4.1）：大部分地区年平均雾日为 1～4 d，北京北部和东部、承德南部、唐山中南部、保定东部、沧州西部，以及邢台和邯郸的中东部地区为雾的相对高发区，普遍达 5～8 d，其中北京怀柔汤河口、密云上甸子，以及通州区可增至 12～18 d，最为特殊的是北京西北部延庆的佛爷顶，该气象站位于海拔 1224 m 的两山之间坡面上，低能见度现象发生频率异常高，常年有雾（赵习方 等，2002），统计结果显示，该站夏季年平均雾日高达 50.7 d。

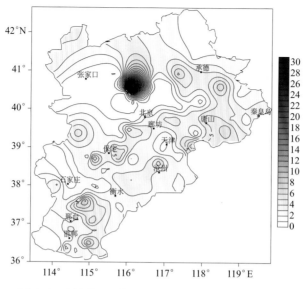

图 4.1　京津冀夏季年平均雾日空间分布（单位：d）

4.1.1.2　平均能见度空间分布

从京津冀夏季雾平均最小能见度分布（图 4.2）来看，能见度较低的区域集中在张家口中部至保定西北部地区，以及保定东南部至沧州中部和衡水一带，上述地区最小能见度可低至 300 m 以下，北京、天津、承德南部至唐山西北部和石家庄及以南地区相对较高，多在400～600 m，其余地区普遍为 300～400 m。总体而言，夏季京津冀的西北部、东北部和东南部出现雾时，最小能见度相对偏低。

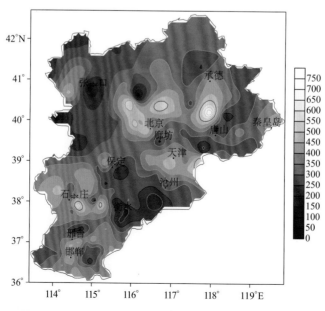

图 4.2　京津冀夏季雾平均最小能见度分布（单位：m）

4.1.1.3 持续时间空间分布

夏季，京津冀大多地区均有持续 2 d 及以上的雾出现，但连续雾出现的次数相对较少。北京佛爷顶因其特殊的地理位置，雾最长持续日数达 10 d。从雾过程年平均持续日数的分布（图 4.3a）可以看出，除佛爷顶年平均持续日数可达 2.5 d 外，其余地区均为 1～1.4 d。从持续的平均时长来看（图 4.3b），北京西北部、北京西南部至廊坊南部、唐山北部，以及邢台和邯郸西部出现雾时普遍可持续 4～6 h，其余地区多在 3 h 及以下，其中佛爷顶平均可持续 9.8 h。可见，夏季雾持续时间受一定地形因素影响，平原地区差异较小，山区持续时间相对较长。

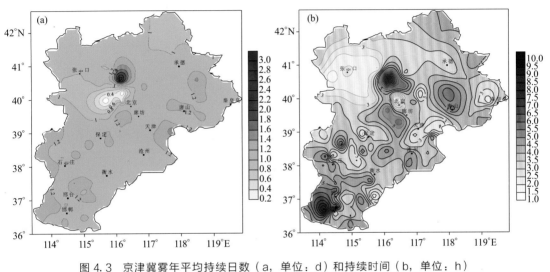

图 4.3　京津冀雾年平均持续日数（a，单位：d）和持续时间（b，单位：h）

4.1.2　生消时间特征

雾通常具有明显的季节变化和日变化，就京津冀地区的夏季而言，雾的生成时间集中于 23 时—次日 05 时（图 4.4a），发生频率占所有夏季雾的 88.2%，其中 23 时生成的雾最多，占 15.2%，07—15 时较少有雾生成，尤其是中午至傍晚前，发生频率共计不足 0.2%。相比生成时间，雾的消散时间更加集中（图 4.4b），05—07 时三个时次占到了 68.3%，总体特点为 20 时后消散开始逐渐增多，06 时达到峰值 28.5%，08 时迅速降至 4.3%。可见，京津冀夏季雾的生成和消散均有明显的日变化，高发时段在凌晨至日出前后，消散集中于日出后 3 h 内。

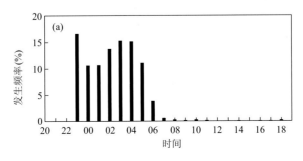

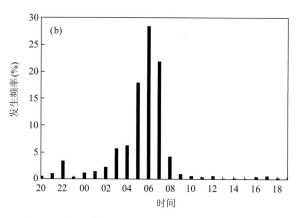

图 4.4 京津冀夏季雾生成（a）和消散（b）时间

4.2
夏季雾的边界层特征

雾发生在近地层，其高度为几十米到几百米，辐射雾高度通常为 70～300 m，少数强辐射雾可达 400 m；平流雾的高度略高，有时雾顶可达 943 m。成熟期雾顶一般位于逆温层以下。夏季与秋冬季雾日低空逆温层及湿层特征值相比较，夏季雾日具有逆温层底高、厚度薄、温差小、强度弱的特点，湿层具有顶高低、厚度薄、湿度大、比湿大的特点。这样的特点使得夏季雾维持时间较短。

表 4.1 给出了 16 次京津冀夏季雾过程邢台边界层逆温及湿度等统计特征。夏季雾逆温层层底和层顶在 994～919 hPa，绝大部分逆温层底开始于 950 hPa，逆温层顶位于 920 hPa 以下，逆温值为 0～6 ℃，逆温强度（用高度每升高 10 hPa，温度所升高的值表示，余同）绝大部分在 0.5 ℃ 以下。温度露点差 ≤3 ℃ 的湿层厚度在 1000 hPa 及以下，但绝大多数在 975 hPa 以下，湿层相对湿度的变化范围为 79%～100%。比湿的变化范围为 2.3～21.3 g/kg。

表 4.1 京津冀夏季雾过程邢台边界层逆温及湿度等统计特征

天气过程 日期	逆温层 厚度(hPa)	逆温值 (℃)	逆温层变化 范围(hPa)	湿层厚度(hPa) ($t-t_d$≤3 ℃)	湿层湿度 变化范围(%)	湿层比湿 变化范围(g/kg)
2003-08-09	27	2	977～919	950 以下	79～83	15.7～16.5
2004-08-26—27	59	5	985～959	985 以下	89～94	14.9～15.7
2005-08-11	50	2	975～925	975 以下	84	18～20
2005-08-28	31	1	994～963	975 以下	79～88	13～16
2006-08-25	22	1	988～966	975 以下	89～94	16～18

续表

天气过程 日期	逆温层 厚度(hPa)	逆温值 (℃)	逆温层变化 范围(hPa)	湿层厚度(hPa) ($t-t_d \leq 3$℃)	湿层湿度 变化范围(%)	湿层比湿 变化范围(g/kg)
2008-07-14	无	无	无	564 以下	81～94	5.7～17.7
2008-07-16	41	6	988～947	975 以下	94	16～17
2008-08-22	18	2	786～768	400 以下	83～100	2.3～12.1
2008-08-28	42	0	1000～958	无	无	无
2008-08-29	11	0	1011～1000	1011 以下	88	10.57
2009-07-21	67	0	949～882	925 以下	83～94	18.0～21.3
2009-07-22	53	0	978～925	925 以下	83～94	18～20
2009-08-11	13	1	938～935	999	94	17.69
2009-08-18	37	1	818～781	818 以下	82～94	10.0～15.6
2009-08-23	59	2	1000～941	999 以下	88～94	11.4～12.1
2009-08-27	25	4	996～971	996	83	13.85

对比秋冬季大雾过程邢台边界层逆温及湿度等统计特征（表 4.2）可知，秋冬季大雾逆温层层底和层顶在 120～1828 m，逐日统计表明：绝大部分逆温层在 100 m 以上、800 m 以下，逆温值为 1～11 ℃。温度露点差≤3 ℃的湿层厚度在 170～3693 m 变动，但绝大多数在 600 m（960 hPa）以下，湿层相对湿度的变化范围为 53%～100%，1000 hPa 以下的相对湿度在 70% 以上。比湿的变化范围为 1.6～8.2 g/kg。

表 4.2　京津冀秋冬季大雾过程邢台边界层逆温及湿度等统计特征

天气过程 日期	逆温层层底 变化范围(m)	逆温 幅度(℃)	平均逆温(℃)	湿层厚度(m) ($t-t_d \leq 3$℃)	湿层湿度 变化范围(%)	湿层比湿变化 范围(g/kg)
2002 年 11 月 30 日— 12 月 4 日	170～1100	2～10	6.4	170～610	57～100	2.0～5.2
2002 年 12 月 9— 19 日	220～993	2～8	5.8	270～2596	65～100	2.1～4.3
2004 年 11 月 29 日— 12 月 4 日	120～612	2～9	5.8	200～670	53～100	2.5～6.0
2004 年 12 月 12— 19 日	160～1141	2～11	4.9	170～667	62～92	2.4～4.1
2005 年 12 月 30 日— 2006 年 1 月 3 日	210～786	4～7	5.3	250～3693	71～100	1.9～2.9
2006 年 12 月 31 日— 2007 年 1 月 5 日	219～1828	1～6	4.2	230～3050	60～100	1.6～3.2

续表

天气过程 日期	逆温层层底 变化范围(m)	逆温 幅度(℃)	平均逆温(℃)	湿层厚度(m) $(t-t_d \leq 3 ℃)$	湿层湿度 变化范围(%)	湿层比湿变化 范围(g/kg)
2007 年 10 月 24— 27 日	180～577	2～3	2.3	180～820	71～88	6.3～8.2
2007 年 11 月 6— 13 日	170～230	1～7	2.6	170～1500	66～100	4.3～5.8
2007 年 12 月 18— 28 日	150～709	1～10	4.1	158～3931	65～100	1.8～4.0

4.3
夏季雾的地面气象要素特征

4.3.1　气温日较差

　　雾是近地面层水汽凝结现象。使未饱和空气达到饱和状态，可通过两种方式实现：一是增加水汽（增湿），二是使空气冷却（降温）。气温日较差代表某地一日之内气温降幅（或升幅）的大小，而露点温度的日变化通常不像温度那样明显，对平原地区而言，在同一气团控制下，白天最高气温相差不大，露点温度也比较接近，因此气温日较差越大的站点，越容易降至露点温度达到饱和，越有利于大雾生成。图 4.5a 反映了京津冀夏季雾发生时，气温日较差的分布频次，从整个夏季来看，气温日较差的中位数为 8.0 ℃，其中上下四分位间 50% 的样本气温日较差为 6.2～9.8 ℃，最大可达 19.5 ℃；从 6—8 月逐月分布可以看出，7 月的气温日较差相对较小，多为 5.7～9.1 ℃，6 月，上下四分位间的个例分布范围更广，为 7.0～10.9 ℃，夏季三个月雾日的气温日较差中位数分别为 8.9 ℃、7.3 ℃和 8.2 ℃，即 6 月的日较差最大，7 月最小。可见，京津冀夏季出现大雾时，气温日较差一般要在 8 ℃上下。从京津冀夏季平均日较差空间分布图（图 4.5b）可以看出，廊坊、保定东部、沧州、邢台北部气温日较差为 8～11 ℃，明显高于其他地区，对比雾区分布图（图 4.1），这几个区域恰好是夏季雾高发区。

　　很显然，雾日前期露点温度越高，相对湿度越大，气温降至露点温度而饱和的幅度就越小。图 4.6 给出了夏季雾日气温日较差与前一日 14 时相对湿度的关系，从图中可见，气温日较差与相对湿度呈明显的反相关关系，即出雾前一日 14 时相对湿度越大，形成雾需要降温的幅度就越小，14 时相对湿度越小，需要降温达到露点温度的幅度就越大。气温日较差集中于 5.0～10.0 ℃，而前一日的相对湿度多为 50%～80%。通过拟合曲线，可以预估在一定的湿度条件下形成雾所需下降的温度。例如，如果 14 时相对湿度为 70%，则降温幅度至少为 7 ℃，可使得空气达到饱和。

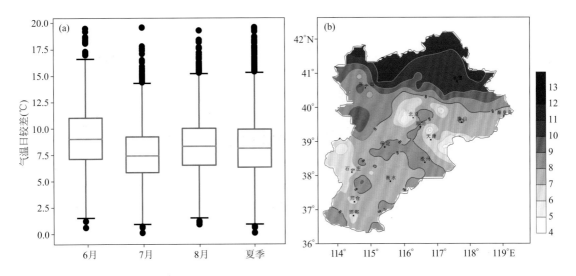

图 4.5 京津冀夏季雾日气温日较差频次分布箱形图（a）
和平均气温日较差空间分布（b，单位：℃）

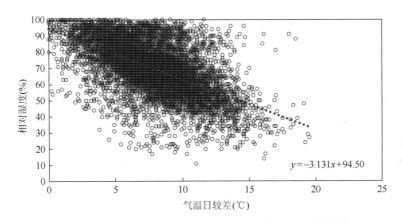

图 4.6 夏季雾日气温日较差与前一日 14 时相对湿度分布关系

4.3.2 地面风

图 4.7 为夏季雾出现前一日至当日逐小时平均风速，分析可知，在雾出现前一日的 14—20 时，地面风速较为平稳，维持在 1.0 m/s 以下，入夜 21 时后风速开始逐步加大，至当日 03 时达到 2.4 m/s，此后开始缓慢减小，直到 13 时降至 1.0 m/s 以下。可见，雾日前后风速呈显著的单峰增长趋势，峰值出现在 03 时，前后先增长后回落，在风速增大过程中雾生成的概率也在增大，并且在风速开始减小后随之减小。

为了了解京津冀复杂地形下夏季雾的风向特征，对不同区域风向频率进行统计分析（图 4.8），结果显示：东北、中东部和南部地区的主导风向以北风为主，尤以北京南部至廊坊的平原地区和东南位置的衡水北风占比达到 30%～50%，其中秦皇岛、唐山和石家庄西北风

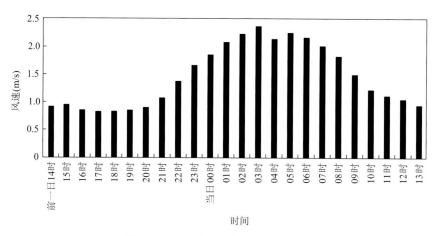

图 4.7　雾日前后逐小时平均风速

的出现频次仅次于北风，即风向偏西的分量明显高于其他地区。西北部坝上高原的张家口和太行山东麓的保定地区，南风至西南风方向的风更加突出，张家口沿顺时针方向南至西西南方向的风频共占到了 59%；而东临渤海的沧州，则偏东风为北风以外的次高风向。由此可见，夏季京津冀在出现雾的时段内，除张家口和保定以南风或西南风为主外，其余地区主要风向均为北风，风向的多样性与地形的复杂程度有着密切关系。

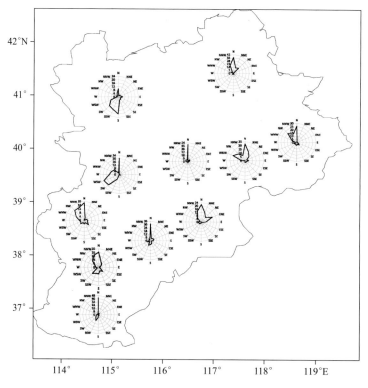

图 4.8　夏季雾出现时段地面风向频率的空间分布

4.4
夏季区域性大雾的主要环流型及预报

定义京津冀范围，日雾站数 $\geqslant 30$ 站次（共 178 站）为一次区域性大雾过程。据统计，2000—2019 年夏季一共有 39 次区域性大雾过程，而同时段冬季区域性大雾过程共有 230 次，可见夏季区域性大雾的出现概率比冬季要低很多。在夏季 39 次区域性大雾中，6 月 2 次，7 月 12 次，8 月 25 次，可见夏季区域性大雾主要出现在 7 月和 8 月，其中 8 月最多，占 64%，6 月最少，仅占 5%。39 次大雾过程辐射雾有 26 次，占 67%；平流辐射雾有 9 次，占 23%；雨雾有 4 次，占 10%。与冬季雾主要出现在纬向环流背景下且多连续性大雾不同，夏季雾主要发生在经向环流背景下，很少出现区域性连续 2 d 以上的大雾。与冬季大雾具有较强的逆温相比，夏季雾的逆温较弱，不少大雾过程发生在近地层等温或弱逆温的条件下，因此能见度低于 200 m 的情况不多。通过分析 39 次过程，归纳出以下 3 种类型的夏季区域性大雾：高空槽后或高压脊控制下的辐射雾、高空槽前西南气流控制下的平流辐射雾、副热带高压（简称"副高"）控制下的雨雾。

4.4.1　高空槽后或高压脊控制下的辐射雾

4.4.1.1　概念模型

这是夏季区域性大雾最常见的一种，以雨后辐射雾最多，即降水过后天气迅速转晴，强烈的地表长波辐射冷却，使地面温度迅速降低，近地层空气中水汽达到饱和。即降雨增湿后辐射降温，从而形成雨后辐射雾。其主要特征包括以下 4 个方面。

（1）产生降水的高空槽移速较快，一般白天或前半夜过境，后半夜转受槽后西北气流控制，天气迅速转晴（图 4.9a），红外云图表现为高空槽云系后边界清晰（图 4.9d）。

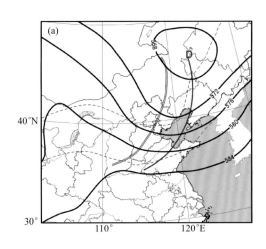
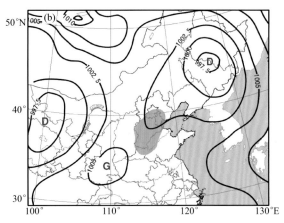

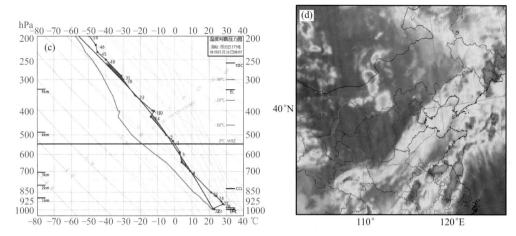

图 4.9　2008 年 7 月 16 日 08 时 500 hPa 高空图（a）、海平面气压场（b）、探空图（c）及 15 日 20 时卫星云图（d）（a 中点划线为 7 月 15 日 20 时槽线位置，b 中阴影区为雾区）

（2）与高空槽配合的冷空气势力较弱，地面形势场表现为京津冀处于低压带或均压场中（图 4.9b）。

（3）探空曲线为典型的"上干下湿"结构，雾层（饱和层）基本在 1000 hPa（约 130 m）以下。

（4）值得注意的是，白天或前半夜快速过境的高空槽有时尽管没有产生降水，如果前期地面有一定的湿度条件，次日早晨仍有辐射雾发生，因为这种高空槽往往具有"上干下湿"的特征，槽前的西南气流会导致近地层湿度增加，从而有利于大雾的出现。这点在实际预报业务中容易被忽视。

4.4.1.2　典型个例

2019 年 7 月 20 日白天，受高空槽过境影响，京津冀中南部地区出现小雨天气，累计降雨量普遍不足 5 mm，当日夜间天气转晴，雨区逐渐演变为雾区，有 66 站出现大雾天气，最小能见度降至 43 m（图略）。选取衡水饶阳作为此次辐射雾过程的代表站点进行分析，从气温、露点温度、能见度、风向风速和相对湿度等地面和高空气象要素变化特征可以看出（图 4.10），20 日中午出现弱降雨后，850 hPa 到地面维持 1～4 m/s 偏南风（图 4.10b），地面温度露点差基本维持在 1 ℃以内，20 时后，在持续增湿、天气转晴后地面辐射降温，以及下沉气流中低空增温的共同作用下，960～900 hPa 形成明显逆温（图 4.10c），空气迅速达到饱和，能见度持续降低，20 日 21 时能见度已降至 1000 m 以下，21 日 05—07 时能见度降至 50 m 以下（图 4.10a）；在雾形成的整个过程中，90％的相对湿度仅存在于 1000 hPa 以下（图 4.10d），85％的相对湿度也仅伸展到 980 hPa，即呈现湿层浅薄，湿度"上干下湿"的垂直分布特点。

4.4.2　高空槽前西南气流控制下的平流辐射雾

4.4.2.1　概念模型

这是一种以平流作用为主的夏季雾。其特点包括以下 4 个方面。

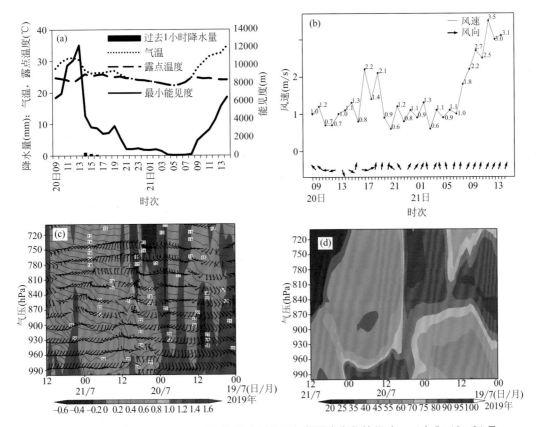

图 4.10　2019 年 7 月 20—21 日饶阳逐小时地面气象要素变化特征（a，b）和 19—21 日
沿（115.73°E，38.23°N）气温（c.等值线，单位：℃）、垂直速度
（c.阴影，单位：Pa/s）、风和相对湿度（d.单位：%）高度—时间剖面图

（1）京津冀处于 500 hPa 槽前西南气流中（图 4.11a），或者处于 500 hPa 西北偏西气流中。

（2）低层 700 hPa 和 850 hPa 为西南或偏南风，有弱的暖平流，但近地层 950 hPa 以下有时是偏 东风。

（3）本地温湿廓线呈"上干下湿"结构，饱和层高度较高，有的有逆温（图 4.11c），

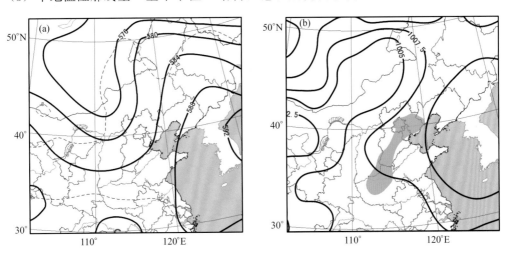

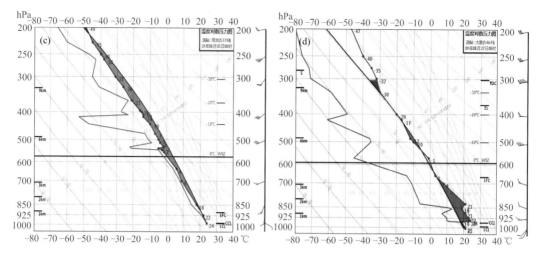

图 4.11 高空槽前西南气流下的平流辐射雾概念模型图
（a. 500 hPa 高空图（黑色：等高线；红色，等温线）；b. 海平面气压场
（黑线）及雾区（绿色阴影）；c，d. 典型探空图）

有的没逆温（图 4.11d）。

（4）地面图上，京津冀一般处于入海高压后部的均压场（图 4.11b）或地面倒槽中，大雾发生前一般为弱的偏南风，有时沿京珠高速公路及其右侧常有地形辐合线生成维持，有利于水汽输送及辐合。

4.4.2.2 典型个例

2019 年 8 月 4—5 日，受高空槽过境影响，京津冀大部分地区陆续出现间歇性阵雨，其中保定西南山区、北京中部、天津西南部和承德南部累计雨量达 50～150 mm，其余地区多在 30 mm 以下，5 日凌晨前后，能见度开始逐渐降低，保定、廊坊及以南地区出现大雾，有 38 站能见度降至 1000 m 以下，最小能见度降至 106 m（图略）。图 4.12 为此次大雾过程中代表站邢台新河的气象要素演变情况，分析可知，4 日上午，受高空槽影响，新河出现 34 mm 的降水，露点温度为 25 ℃，此后基本变化不大，入夜后升至 26 ℃，此时温度下降至露点温度，21 时达到饱和，能见度呈波动式下降，5 日 05—09 时能见度降至 100 m，地面风转为 1.3～1.7 m/s 的北风（图 4.12a，b）。在 700 hPa 以下为 4～10 m/s 的南到西南风，越向低层东风的分量越大，在 950～1000 hPa 转为东风控制，暖湿的南到西南风在浅薄的近地层东风层上爬升，前半夜在 960 hPa 以下出现短暂弱逆温，同时上升运动有所加强，在 5 日 03 时前后上升速度加大为 -0.5～-0.4 Pa/s（图 4.12c），于是饱和层向上扩展到 900 hPa（图 4.12d）；05—08 时，上升运动转为弱的下沉运动，下沉速度为 0.2～0.4 Pa/s（图 4.12c），导致饱和层之上的湿度明显减小（图 4.12d），雾层内辐射降温加强，水汽凝结进一部加强，能见度减小至 100 m。从以上分析可知，本次过程在雾的加强时段，尽管没有逆温层，但雾层之上存在着明显的下沉运动，这也是夏季无逆温雾的一个特征。

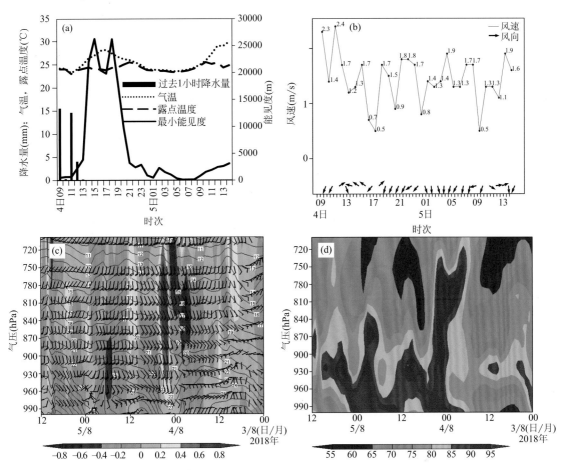

图 4.12 2019 年 8 月 4—5 日新河逐小时地面气象要素变化特征（a，b）和 3—5 日沿
（115.23° E，37.52° N）气温（c. 等值线，单位：℃）、垂直速度（c. 阴影，单位：Pa/s）、
风和相对湿度（d. 单位：%）高度—时间剖面图

4.4.3 副热带高压控制下的雨雾

4.4.3.1 概念模型

当副热带高压 588 dagpm 线控制河北中南部时，在高湿气团控制下也会出现区域性大雾，但发生概率比较小，雾区常位于河北东南部（图 4.13b 阴影区），雾有时是伴有弱降水的雨雾，有时没有降水相伴，可发生在一天的任意时间，但能见度不会很低，一般在 400 m以上。其特点包括以下 2 个方面。

（1）雾形成前期及大雾期间，500 hPa 高空图上，副热带高压 588 dagpm 线北缘到达京津地区，京津南部受副高内部弱的西南到偏南气流控制（图 4.13a）。地面图上，京津冀处于入海高压后部的弱气压场中（图 4.13b）。

（2）温湿廓线的典型特征是没有逆温层，饱和层高度较高，可达 850 hPa 甚至 700 hPa（图 4.13c，d），1000 hPa 温度和地面温度近似等温，当饱和层较高时有弱降水相伴，所以这种雾的主要机制是增湿。

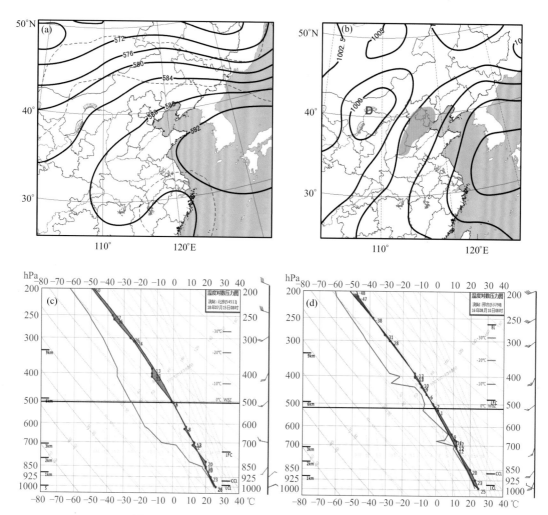

图 4.13　副热带高压控制下的雨雾或辐射雾天气模型图
（a. 500 hPa 高空图（黑色：等高线；红色，等温线）；b. 海平面气压场（黑线）
及雾区（绿色阴影）；c, d. 典型探空图）

4.4.3.2　典型个例

2018 年 7 月 14 日，副热带高压中心稳定维持在朝鲜半岛与日本南部海域一带，其脊线
584 dagpm 西伸至冀北至河套地区，在暖湿气团控制下，15 日凌晨开始冀东南出现大雾天
气（图略）。图 4.14 给出了唐山丰南站气象要素的变化特征，从图中可见，在 14 日入夜后，
垂直方向上≥90% 的湿层伸达了 700 hPa 以上，且低层的增湿更为显著，饱和层在 900 hPa
以下（图 4.14d）雾持续了 3 h，与降雨出现时段完全对应，最小能见度为 500 m，明显高
于其他类型的夏季雾（图 4.14a），雾出现前后地面以偏东风为主，700 hPa 以下偏南风风速<
4 m/s（图 4.14c），未出现逆温现象，这是在弱天气系统下，伴随降水出现的雨雾，其主要
机制是增湿。

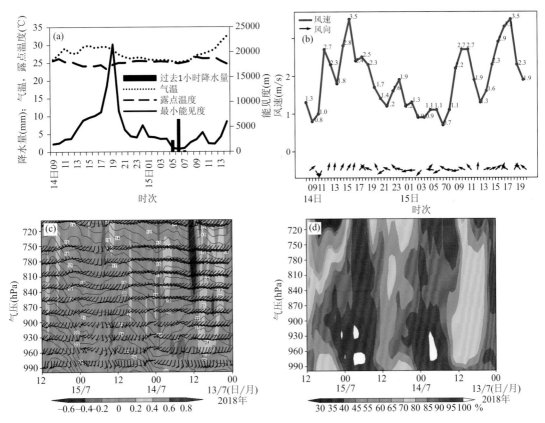

图 4.14　2018 年 7 月 14—15 日丰南逐小时地面气象要素变化特征（a，b）和 13—15 日沿
（118.1°E，39.58°N）气温（c.等值线,单位：℃）、垂直速度（c.阴影，单位：Pa/s）、
风和相对湿度（d.单位：%）高度—时间剖面图

4.5
夏季雾与冬季雾的对比

综上所述，与冬季大雾不同，京津冀夏季雾具有以下特点：一般不会出现持续 2 d 以上的大范围浓雾天气；维持时间比较短，这与夏季气温日变化大，日出后太阳短波辐射强、升温快有关，即所谓的"雾怕晒"；夏季雾的生成和消散时间都比冬季早；山区夏季出现雾的概率高于平原；区域性大雾 8 月出现的概率最大；夏季出现能见度低于 200 m 的浓雾概率较小。

夏季雾发生时，近地层的层结状况与冬季也有较大差别，逆温的强度不如冬季强，逆温幅度一般在 0～6 ℃，而冬季最强可达到 18 ℃，同时逆温层顶的高度也比冬季高，一般在950 hPa 以上。湿层厚度（温度露点差≤3 ℃）在 950 hPa 及以下，但绝大多数在 975 hPa以下，湿层相对湿度的变化范围为 79%～94%。表 4.3 从不同方面给出了京津冀夏季雾和冬季雾的区别。

表 4.3　京津冀夏季雾和冬季雾的区别

项目	夏季雾	冬季雾
连续性	很少持续 2 d 以上	3～11 d,最长达 15 d
范围	小	大
日维持时间	短	长
出现最多月份	8 月	12 月
地域频次	山区高于平原	平原高于山区
生成时间	23 时—次日 05 时	06—08 时
消散时间	06—09 时	09—12 时
平均能见度	400～800 m	280～700 m
逆温强度	等温或弱逆温或无逆温,0～6 ℃	强,0～18 ℃
逆温高度	一般较低	较高
环流特征	经向环流	纬向环流
主要机制	增湿、降温	降温

4.6
本章小结

（1）京津冀地区夏季雾的年发生日数普遍为 1～4 d，局地为 5～8 d，西北部、东北部和东南部出现雾时最小能见度相对偏低，可降至 300 m 以下，北京、天津、承德南部至唐山西北部和石家庄及以南地区相对较高，多在 400～600 m。

（2）持续 2 d 以上的雾较少出现，持续时长多在 3 h 以下，受地形因素影响，北京西北部、北京西南部至廊坊南部、唐山北部，以及邢台和邯郸西部可达 4～6 h，且雾的生成和消散均有明显的日变化，高发时段在凌晨至日出前后，消散集中于日出后 3 h 内。

（3）京津冀夏季辐射雾发生时，一般气温日较差在 8 ℃上下。辐射发生时，所需的降温幅度还与大气的前期相对湿度有关，雾日前一天 14 时相对湿度越大，所要求的降温幅度（气温日较差）就越小。

（4）有利于京津冀夏季雾形成的风速范围为 1.0～2.4 m/s。在发生雾的时段内，除张家口和保定南风或西南风占主导外，其余地区主要风向均为北风，并且地形越单一，北风概率越大，即风向的多样性与地形的复杂程度有着密切关系。

（5）京津冀夏季区域性大雾的出现概率比冬季要低很多，多发生在经向环流背景下，归纳总结了 3 种形式的夏季区域性大雾天气概念模型：高空槽后或高压脊控制下的辐射雾、高空槽前西南气流控制下的平流辐射雾、副热带高压控制下的雨雾。相比秋冬季雾，夏季雾持续时间较短，生成和消散时间偏早，逆温明显偏弱或不存在逆温。

第5章　京津冀主要大雾类型与预报思路

前面的章节介绍了大雾的基本知识、分析了京津冀大雾的统计特征、秋冬季大雾和夏季雾的特征与预报着眼点，本章将结合实际预报业务，首先介绍京津冀几种主要大雾类型：辐射雾、平流雾、平流辐射雾、雨雾的特征与预报，之后介绍河北海雾的特征与预报，最后给出京津冀大雾预报的总体思路及一些预报经验指标。

5.1
京津冀主要大雾类型

5.1.1　京津冀辐射雾的特征与预报

5.1.1.1　辐射雾研究资料说明

辐射雾在京津冀出现的概率最高，在河北省气象台大雾个例库收集的 2000—2019 年 400 多个大雾个例中，辐射雾占一半以上。从个例库中选取 90 个典型的辐射雾过程进行研究。

5.1.1.2　辐射雾时空分布特征

京津冀辐射雾日数空间分布见图 5.1a，北京西北部、天津、张家口、承德、秦皇岛以及保定、石家庄、邢台和邯郸的西部地区日数普遍为 2～15 d，雾的高发区位于保定东部、廊坊南部、沧州西部、衡水和邢台、邯郸的中东部地区，为 40～70 d，其余多在 15～40 d，最多的邢台宁晋县共出现 79 d，最少的仅有 1 d，出现在张家口的张北、宣化、崇礼，承德的围场，以及北京石景山和昌平。总体分布特点为南部多、北部少，中南部平原地区多，坝上高原、燕山南麓、太行山东麓少。从能见度的变化情况来看，当京津冀出现辐射雾时，最小能见度除承德东南部、石家庄西部山区和北京中部在 0.6 km 左右外，其余地区普遍降至 0.4 km 以下，其中保定东南部、衡水西部和沧州西部可达 0.1 km 以下（图 5.1b）。

从辐射雾日数的逐月分布（图 5.2）来看，1 月出现日数最多，达到 23 d，10 月和 12 月次之，均为 14 d，3—8 月较少，均在 5 d 以下，其中 6 月和 7 月最少，都仅为 1 d。辐射雾日数总体逐月分布特点为，自 9 月开始迅速增多，次年 1 月达到峰值，2 月开始急速减少，即京津冀地区辐射雾主要发生于秋冬季。

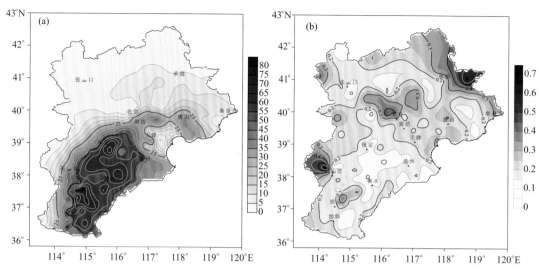

图 5.1 辐射雾日数空间分布（a，单位：d）和辐射雾日最小能见度（b，单位：km）

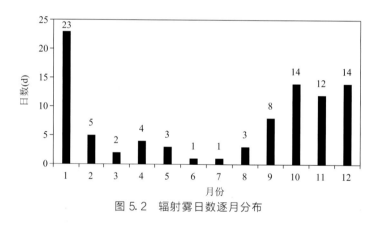

图 5.2 辐射雾日数逐月分布

5.1.1.3 辐射雾日地面气象要素特征

（1）气温日较差

辐射雾形成的主要原因是辐射降温，当气温下降至露点温度时，相对湿度达到100%，空气达到饱和状态，此时开始发生水汽凝结，有雾滴出现，当气温继续下降，不断有水汽凝结，雾滴不断增多，能见度逐渐下降。气温日较差是前一日最高气温与当日最低气温的差值，可以作为辐射冷却量的一个参考值。当京津冀出现辐射雾时，其气温日较差的平均值为8.3 ℃（表5.1），每次过程中最大值的平均水平可达13.3 ℃，而最小值的平均仅为4.7 ℃。日较差极大值20.3 ℃出现在2013年1月29日的涉县。

从季节性变化特点来看，春季的日较差最大，平均值达10.5 ℃，秋夏季次之，而冬季相对最小，为7.1 ℃，春季最大和最小的平均值均高于其他季节，夏季的最大平均值约比春季小3.0 ℃，为各季节中最小，冬季的最小平均值为3.5 ℃，比春季小3.3 ℃。

综上分析可见，气温日较差在8 ℃左右是辐射雾出现的温度条件之一，其中最大值与最小值的平均水平相差约8.6 ℃，说明辐射雾出现过程中，整个京津冀地区的气温日较差差异是非常大的；此外，春季的日较差大于其他季节，偏大的幅度在1～3 ℃，但极大与极小值均出现于冬季。

表 5.1　辐射雾日气温日较差特征（单位：℃）

	平均值	最大值平均	最小值平均	极大值	极小值
全年	8.3	13.3	4.7	20.3	0
春季	10.5	14.3	6.8	16.2	3.6
夏季	8.0	11.4	5.3	14.2	2.5
秋季	9.2	13.9	5.5	18.8	1.8
冬季	7.1	12.9	3.5	20.3	0

从京津冀辐射雾日气温日较差频次分布（图 5.3）可以看出，超过 50% 的样本个例气温日较差在 6.0～10.4 ℃波动，其上限值可达到 17.0 ℃，下限值为 0 ℃，异常值集中出现在日较差上限值之上，数量为 9 个，数值分布在 17.2～20.3 ℃。

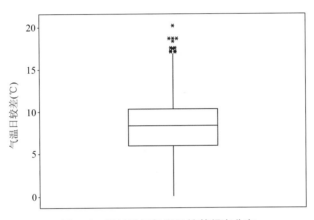

图 5.3　辐射雾日气温日较差频次分布

（2）雾日前期相对湿度与气温日较差

在某一气团控制下，前期的温度、相对湿度、风都与辐射雾形成和发展关系密切。前期温度越低、湿度越大，形成辐射雾的降温量就越小，气温日较差就越小。图 5.4 给出了气温日较差与辐射雾发生前一日 14 时相对湿度关系，结果显示无论是冬夏季还是全年的辐射雾，前一日相对湿度越大，即温度露点差越小，形成辐射雾所需的温度降至露点的值就越小，日较差就越小。冬季的辐射雾明显多于夏季，其相对湿度和日较差的变化范围也更大，日较差可低至 0 ℃，而夏季在 2 ℃以上，夏季相对湿度普遍在 30% 以上，又集中于 50%～80%（图 5.4c），而冬季可降至 20% 以下，数值多在 50%～100%（图 5.4b）。通过拟合曲线，可以预估在一定的湿度条件下，形成雾所需下降的温度。例如，如果 14 时相对湿度为 80%，则降温幅度为 5 ℃左右，可使得空气达到饱和；如果 14 时相对湿度为 40%，则需要降温 17 ℃左右，才可使得空气达到饱和（图 5.4a）。

（3）地面风

地面风向、风速是影响雾形成和消散的重要气象因素，从辐射雾发生前后风速的分布特点（表 5.2）来看，前一日 14 时，平均风速可达 1.8 m/s（风力 2 级），最大值为 8.0 m/s，出现在 2017 年 2 月 22 日的邢台威县；在 6 h 后的 20 时，平均风速就降到了 1.2 m/s（风力 1 级），此后到辐射雾发生当日 08 时，平均风速维持在 1.2 m/s，最大风速与前一日 14 时相当略偏低，但比前一日 20 时最大值增大了 1.0 m/s；上述三个时次的最小风速均可达到 0。

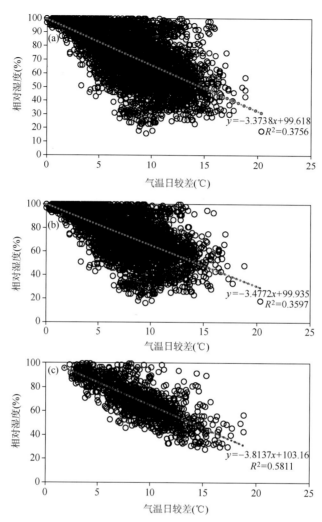

图 5.4　辐射雾日气温日较差与前一日 14 时相对湿度分布
（a. 全年；b. 冬季；c. 夏季）

表 5.2　辐射雾发生前后风速的分布特点　（单位：m/s）

	前一日 14 时	前一日 20 时	当日 08 时
平均风速	1.8	1.2	1.2
最大风速	8.0	6.7	7.7
最小风速	0	0	0

　　从风速大小出现频次的箱形图（图 5.5）可看出，辐射雾发生的前一日 14 时、20 时和当日 08 时，50% 的样本风速变化范围分别为 1.7～2.4、0.6～1.7 和 0.7～1.7 m/s，其平均值分别为 1.7、1.0 和 1.0 m/s，即前一日 14 时基本为 2 级风，且离散程度也为最大，此后的 6 h 和当日的 08 时风力多为 1 级；三个时次正常值的下限都可达到 0，当日 08 时与前一日 20 时的上限值比较接近，为 3.2 和 3.3 m/s，但前一日 14 时上限可达到 4.5 m/s。

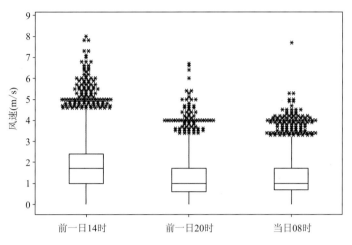

图 5.5 辐射雾发生前后定时风速频次分布

综上所述，在京津冀辐射雾发生前一日 14 时，地面以 2 级风为主，到 20 时和当日 08 时风力降至 1 级为主，且风速围绕 1 m/s 更为集中。

图 5.6 为辐射雾发生前一日 14 时、20 时和当日 08 时风向玫瑰图，从各个时次风向的分布情况及其演变特点来看，在辐射雾发生前（前一日 14 时和 20 时），京津冀雾区以偏北风和偏南风为主，其中南风概率略偏大，而越到大雾临近，风向的趋势越明显，西南风、东南风和东北风出现的概率越小，在辐射雾过程中或区域减弱时（当日 20 时），地面以偏北风

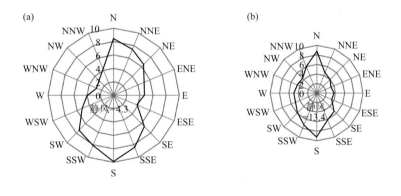

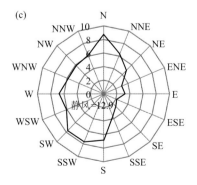

图 5.6 辐射雾过程前后不同时次地面风玫瑰图
（a. 前一日 14 时；b. 前一日 20 时；c. 当日 08 时）

为主，南风概率下降，但顺时针方向西南至西北，以及偏东北风概率上升；从其中静风所占比例来看，前一日 14—20 时的 6 h 静风概率由 4.3％上升至 13.4％，到当日 08 时略有下降。可见，在京津冀辐射雾出现前一日 14 时至当日 08 时，地面主要为偏北风和偏南风控制，越接近大雾出现时间，风玫瑰图越接近"梭形"，即偏东风和偏西风的分量越小，东南风至西南风的概率越小，在雾趋于减弱结束时，风向呈现不规则变化，偏西和东北向的风概率增大。

5.1.1.4 辐射雾日高空气象要素特征

选取辐射雾日中包含邢台站的 36 个个例，利用邢台站探空资料对高空气象要素的特征进行分析。

（1）相对湿度

为了揭示京津冀地区辐射雾日高空相对湿度的分布特征，计算邢台探空站 1000、850、700 hPa 和 500 hPa 高度的相对湿度特征值（图 5.7），分析可知，出现辐射雾时，1000 hPa 平均相对湿度可达 86％，最大值 100％，最小值超过 50％，随着高度的上升，到 850 hPa 时虽然最大值仍可达 94％，但平均相对湿度已急剧下降至 39％，最小值不足 10％，700 hPa 和 500 hPa 平均值在 20％左右，最大值逐层下降 10 个百分点，最小值仅为 1％。由此可见，京津冀出现辐射雾时其相对湿度随高度呈持续下降趋势，呈现明显的"上干下湿"特征，1000～850 hPa 降幅最为显著，700 hPa 及以上降幅趋缓。

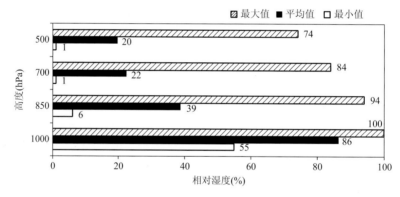

图 5.7　辐射雾日不同高度相对湿度特征

（2）高空风

出现辐射雾时地面通常为微风，但高空的风向、风速有着怎样的变化特征，从不同高度层上风速的分布和风向玫瑰图上可见一斑。

1000 hPa 上平均风速仅为 2.2 m/s，最大值可达 8 m/s，高度上升至 850 hPa 时，平均风速增大到 4.8 m/s，最大风速略有上升，而随着高度继续抬升，风速的增幅愈加明显，700 hPa 上平均风速可接近 10 m/s，最大值在 20 m/s 左右，当高度为 500 hPa 时，最大风速达到了 35 m/s，平均风速也可达到 19 m/s 左右（图 5.8）。对比各层风速的最小值看到，850 hPa 以下都出现了静风（风速为 0），而 700 hPa 和 500 hPa 上，在 2014 年 10 月 9 日分别出现了风速最小值 2 m/s 和 1 m/s，但上述两层如此小的风速仅出现一次。综上所述，风速随着高度的升高而增大，1000 hPa 平均风速仅为 2.2 m/s，到 500 hPa 可达 18.5 m/s，增幅为 2～5 m/(s·100 hPa)，且高度越高增幅越大。

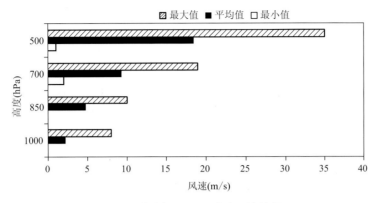

图 5.8 辐射雾日不同高度风速特征

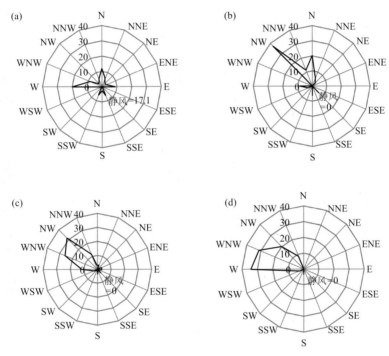

图 5.9 辐射雾日不同高度风向玫瑰图

（a. 1000 hPa；b. 850 hPa；c. 700 hPa；d. 500 hPa）

从图 5.9 可知，1000 hPa 等压面的主导风向为西风，静风所占比例 17.1% 排在第二，北风次之，东风和西北偏西风出现概率均为 8.6%，其余风向概率均在 6% 以下，未出现过西南风和东南风；850 hPa 上西北风为主导风向，且优势最为明显，概率达 37.1%，北风和西北偏北风排在第二和第三，概率分别为 20.0% 和 11.4%，其余风向概率均在 10% 以下；700 hPa 的风向更为集中，主要为偏西风至西北偏北风，占到了所有风向中的 80%，其中概率最大的西北风为 31.4%，其余风向出现概率极小；500 hPa 主导为西风和西北偏西风，二者概率占到了 65.7%，其中又以西风为最多，无北至东南风和西南风出现。由此可见，850 hPa 及以上的风向趋势较为明显，尤以 500 hPa 最为显著，三层（850、700 和 500 hPa）的主要风向集中于顺时针西风至北风区间，其中从低层到高层呈现从北逆时针向西偏的趋势，近地面的 1000 hPa 主要风向为西风、北风和东风，其优势和三者差异相对不明显。

5.1.1.5 辐射雾日逆温层特征

近地层有逆温或等温是辐射雾过程大气层结的重要特征，统计邢台站 36 次辐射雾过程探空资料，以分析雾区上空温湿廓线形态、逆温层的高度和厚度等特征。

（1）逆温层形态

图 5.10 为辐射雾日上空逆温层的形态分布特征，分析后可归为以下三种类型：一是逆温层底及地，即逆温从地面开始（图 5.10a），且多数非常浅薄，仅个别雾日出现较为深厚的逆温层（图 5.10b），同时饱和层仅局限在贴近地面的一层，这种类型出现的概率较大，占到了所有样本数的 66.7%，其余的个例为逆温层底不及地，从高空的某层开始，但这一层高度较低（图 5.10c）。

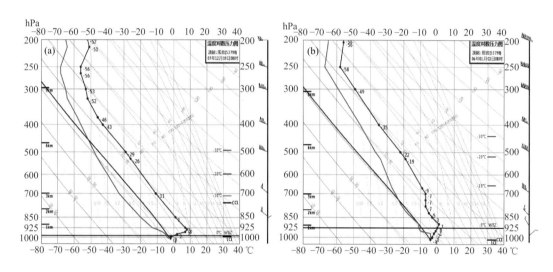

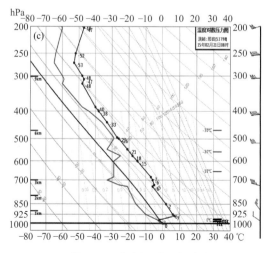

图 5.10　辐射雾典型探空曲线

（2）逆温层高度和厚度

从逆温层的具体高度、厚度来看，辐射雾日逆温层的平均初始高度为 1000 hPa，最低值在 1027 hPa，而逆温结束高度为 938 hPa，最高可伸达 878 hPa（图 5.11a）；从其厚度来看，主要厚度区集中于 20～60 hPa，平均厚度为 46 hPa，超过 100 hPa 的较为少见，仅出现 2 例，约占 6%，最大逆温层厚度可达到 120 hPa（图 5.11b）。

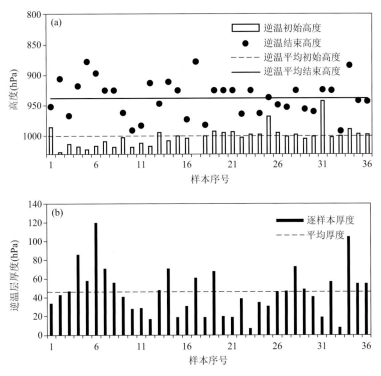

图 5.11 辐射雾日逆温层特征（a. 逆温层高度； b. 逆温层厚度）

5.1.1.6 辐射雾过程中污染物统计特征

在 2013—2018 年京津冀 54 个辐射雾日中，连续 2 d 的雾共出现 9 次，其余均为单日雾，未出现 3 d 及以上的连续性辐射雾。

自然情况下，雾为悬浮在贴地层大气中的大量水汽凝结物（中国气象局，2003），但随着城市化进程推进和工业化发展，被人类活动污染了的大气中混入了多种污染物，使得部分地区雾中含有酸、碱、盐、胺、苯等重金属颗粒，以及病原微生物（彭双姿 等，2012），致使能见度明显下降的同时，对人的身体健康产生不同程度的危害。表 5.3 为辐射雾前一日和当日空气质量指数（AQI）和主要污染物浓度的平均值。从表中可见，在连续 2 d 的辐射雾过程中，前一日 AQI 的平均值到达了 196，接近重度污染水平，到出现雾的当日降至 150，而对比 $PM_{2.5}$ 和 PM_{10} 两个主要污染物的浓度值也出现了不同程度的下降，分别由前一日的 176 $\mu g/m^3$ 和 148 $\mu g/m^3$ 降至 143 $\mu g/m^3$ 和 117 $\mu g/m^3$，降幅相当，约为 30 $\mu g/m^3$。在辐射雾中，单日雾占据多数，雾日的 AQI 平均为 122，比前一日下降了 26，$PM_{2.5}$ 和 PM_{10} 均不同程度下降，降幅约为 20 $\mu g/m^3$。综上所述，在出现辐射雾前，京津冀空气质量的平均水平以中度污染为主（AQI 值为 151～200），在雾日可降为轻度污染（AQI 值为 100～150），$PM_{2.5}$ 浓度始终高于 PM_{10}，从出现雾前至雾日两者均表现出下降的趋势，且连续 2 d 辐射雾前后的污染程度高于单日雾一个等级。

表 5.3　辐射雾前后空气质量及主要污染物浓度平均值

空气质量指数（AQI）/污染物浓度	连续 2 d 雾		单日雾	
	前一日	当日	前一日	当日
AQI	196	150	148	122
PM$_{2.5}$（$\mu g/m^3$）	176	143	138	117
PM$_{10}$（$\mu g/m^3$）	148	117	116	99

从上述分析中发现，无论是单日还是连续的辐射雾，雾日的前一日污染程度和 PM$_{2.5}$、PM$_{10}$ 浓度均高于雾日当天，之所以出现这种现象，主要原因是区域性辐射雾的消散主要由冷空气爆发所致，冷空气影响之前的后夜到早晨，辐射雾生成，上午以后，受冷空气影响，风速加大，湿度减小，辐射雾消散，污染物在垂直和水平方向上扩散能力增强，浓度随之减弱。对 54 个辐射雾日气象要素的统计表明，14 时的平均风速由出雾前的 1.9 m/s 变为雾日当天的 3.6 m/s，增大了 1.7 m/s；雾日 14 时的相对湿度比前一日减小了 9%。

5.1.1.7　京津冀辐射雾的天气概念模型

（1）雨（雪）后辐射雾

此雾一年四季中较为常见，具有突发性的特点，由于重点关注降水，雾的预报中有时容易被忽视。雨（雪）后的辐射雾一般发生在低槽弱冷锋降水之后，其特征如下（图 5.12）：①造成降水的高空槽东移速度较快，一般前半夜过境，带来降水后迅速转晴；②500 hPa 上，高空槽后风速较大，通常风速≥16 m/s，从卫星云图上可以看到，对应的高空槽云系后边界清晰，但 850 hPa 以下风速较小，不超过 8 m/s；③地面气压场形势为西高东低，河北大部处于弱的华北地形槽控制之下；④多数情况下，逆温层较低，一般在 1000 hPa 以下，而湿度场垂直结构为"下湿上干"，湿层（相对湿度≥95% 或温度露点差≤1 ℃）多集中在逆温层以下；⑤值得注意的是，这类高空槽可能没有降水，但也常常会带来大雾天气。

2009 年 2 月 9 日发生在河北平原的大雾天气是比较典型的雪后辐射雾。从图 5.12 可以看出，500 hPa 高空槽线 2 月 8 日 08 时位于河套以西，8 日 20 时移至河北西部，9 日 08 时移至日本西部，24 h 移动了近 20 个经距，带给河北弱降雪后，迅速转晴，强的辐射降温导致大雾发生。

（2）高压脊控制下的辐射雾

这是在冬季常发生的一种辐射雾。华北大范围内高空受弱高压脊控制，地面冷高压中心位于蒙古国，冷空气扩散南下，等压线在河北平原变得稀疏，850 hPa 以下有弱温度脊控制河北中南部，天空晴朗无云或少云，冬季具有夜长的特点，有效的辐射降温导致辐射雾发生。

图 5.13 给出了 2005 年 11 月 21 日发生在河北平原一次大范围辐射雾的天气形势。从 19 日开始，500 hPa 华北地区转受高压脊控制，地面处于高压前部的弱气压场中，地面相对湿度较大，有小范围雾出现，由于形势稳定，湿度逐渐增加，低空逆温维持，20 日、21 日发展为大范围的辐射雾。从图 5.13c 邢台的探空曲线看出，湿层集中在 1000 hPa 以下，1000 hPa 以上湿度迅速减小，湿度场的垂直结构为"下湿上干"，为典型的辐射雾。

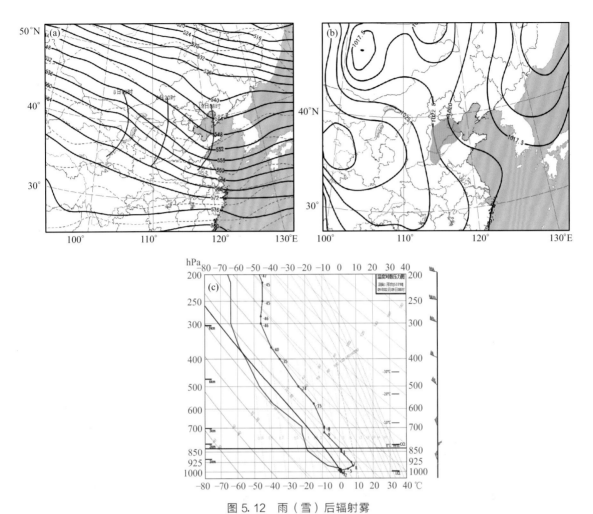

图 5.12　雨（雪）后辐射雾

（a. 2009 年 2 月 8 日 20 时 500 hPa 高度场和湿度场；b. 2 月 9 日 08 时地面形势与
雾区分布；c. 邢台 2 月 9 日 08 时探空图）

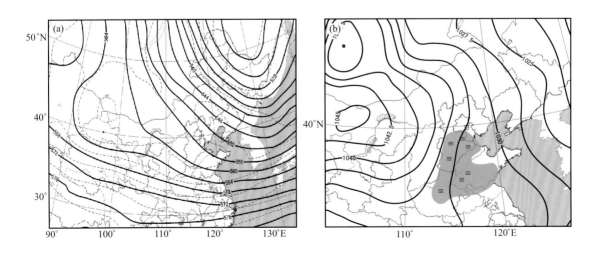

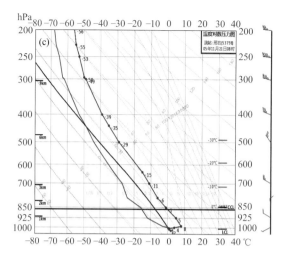

图 5.13　高压脊控制下的辐射雾（2005 年 11 月 21 日 08 时）
（a. 500 hPa 高度场和温度场；b. 地面形势与雾区分布；c. 邢台探空图）

5.1.2　京津冀平流雾的特征与预报

5.1.2.1　平流雾边界层演变特征

2013 年 1 月 8—31 日特长时间持续性雾/霾过程中，辐射雾、平流雾、平流辐射雾交替出现，1 月 29 日夜间至 30 日是一次比较典型的平流雾过程，29 日和 30 日京津冀大部分地区都出现了大雾，30 日大雾站点明显增多（图 5.14），采用质点追踪法揭示平流雾发展过程中边界层演变特征。

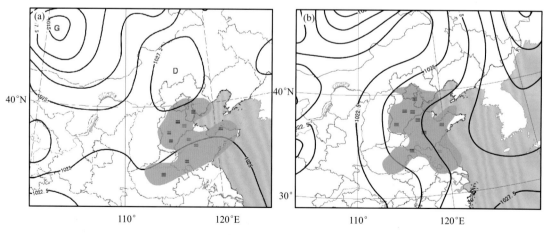

图 5.14　2013 年 1 月 29 日（a）和 30 日（b）08 时雾区分布

29 日 20 时开始，华北开始转受高空西南气流控制，30 日 08 时，高空槽移动到河套地区，华北地区从低层到高层均处于高空槽前西南气流中（图 5.15a～c），850 hPa（图5.15c）和 925 hPa（图略）低层有比较明显的暖平流，当槽前暖湿平流流经华北冷下垫面时，在河北东部形成大范围平流雾。30 日 08 时，沧州市能见度低于 50 m。

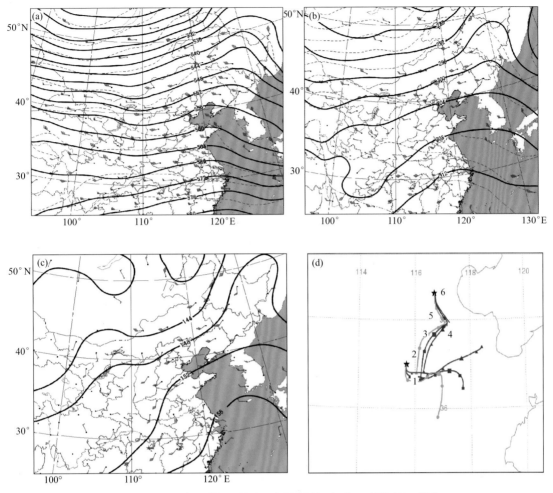

图 5.15　2013 年 1 月 30 日 08 时 500 hPa（a）、 700 hPa（b）、
850 hPa（c）高空图及沧州质点后向轨迹追踪（d）

采用质点后向轨迹追踪法，对沧州点追踪，图 5.15d 给出了沧州站点（图中星号，数字 6）的后向轨迹，从位置 6 的 30 日 08 时追溯到位置 1 的 29 日 02 时，时间间隔为 6 h。也就是从 29 日 02 时质点位于位置 1，30 h 以后（30 日 08 时）到达位置 6，为平流雾形成过程。下面给出质点从位置 1 到位置 6 平流雾形成过程边界层演变特征（图 5.16）。

- 阶段 1（图 5.16a，29 日 02 时）
  ○ 质点处于较暖地区，边界层呈中性，在 900 hPa 以下存在较弱的逆温层；
  ○ 边界层之上为明显的干层，温度露点差最大达 18 ℃；
  ○ 1000 hPa 等压面上，温度为 2 ℃，露点温度为−1 ℃。
- 阶段 2（图 5.16b，29 日 08 时）
  ○ 空气质点向北部冷的下垫面移动；
  ○ 边界层近地层开始冷却，温度和露点下降，1000 hPa 等压面上，温度降至−3 ℃，露点温度降至−4 ℃；
  ○ 边界层逆温生成发展；

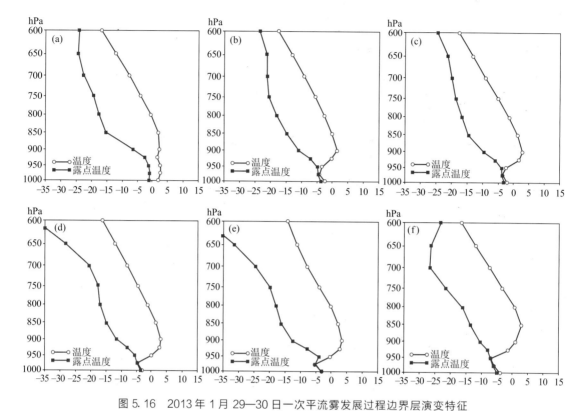

图 5.16　2013 年 1 月 29—30 日一次平流雾发展过程边界层演变特征
（a. 29 日 02 时；b. 29 日 08 时；c. 29 日 14 时；d. 29 日 20 时；e. 30 日 02 时；f. 30 日 08 时）

○ 近地层温度、露点接近，相对湿度增大，接近饱和。

● 阶段 3（图 5.16c，29 日 14 时；图 5.16d，29 日 20 时）

○ 边界层低层继续冷却；

○ 边界层低层饱和，雾层在 975 hPa 下形成并维持；

○ 逆温维持并有所加强。

● 阶段 4（图 5.16e，30 日 02 时）

○ 975 hPa 以下雾层维持；

○ 雾顶辐射冷却，逆温加强；

○ 900 hPa 以上温度露点差增大，进一步变干；

○ 雾顶开始向上发展。

● 阶段 5（图 5.16f，30 日 08 时）

○ 雾顶辐射冷却加强，饱和层变厚；

○ 雾层向上发展到 950 hPa；

○ 雾层温度、露点继续下降，雾层以上逆温加强，逆温层顶达到 850 hPa，大雾将维持。

5.1.2.2　平流雾的天气概念模型

（1）从底层到高层（925～500 hPa）有明显的高空槽，京津冀受高空槽前西南气流控制。

（2）高空槽前有暖平流（不能太强盛），暖平流自 700 hPa 越往下越明显，槽后冷平流较弱。

（3）以平流逆温为主，逆温层高度较高。

（4）大部分情况下，温湿廓线呈现"上干下湿"结构，但也有湿层持续较高、干层较浅薄的情况。

（5）地面形势看，京津冀一般处于入海高压后部的弱气压场中，地面以偏南风或弱的偏东风为主。

图 5.17 为 2002 年 12 月 14—15 日一次典型平流雾天气过程的高低空形势配置，高空槽位于河套南部，从 500 hPa 到 925 hPa 都很明显，京津冀大部处于槽前西南气流中，西南风强盛，从 700 hPa（图 5.17b）图上看，西南风风速达 16 m/s，有暖平流，850 hPa（图略）风速也很大，为 8～12 m/s，在河北中南部为 4～6 ℃一暖脊，地面处于入海高压后部的弱气压场中（图 5.17c），京津冀大部分地区有弱的东北风，气温一般在 −3～0 ℃，强盛的西南风将南方的暖湿空气带至河北、山西、河南等地，造成大范围的平流雾天气，雾区中局地有小雨雪出现。从北京的探空曲线看（图 5.17d），900～850 hPa 为深厚的逆温层，在其下雾层（饱和层）垂直发展到 888 hPa，对应高度约为 1000 m；在逆温层之上，温度露点差迅速增大到 43 ℃，直至 250 hPa 为深厚的干区。

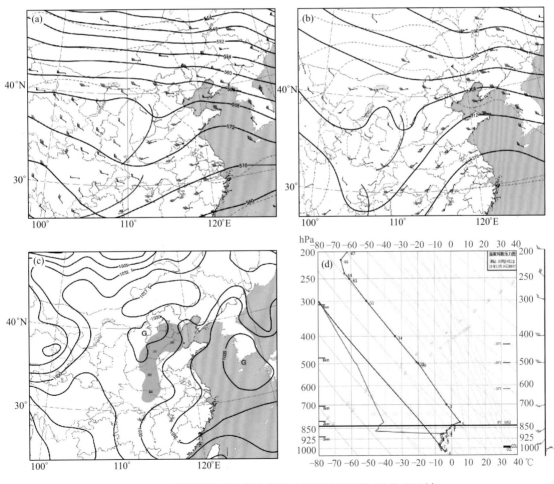

图 5.17 平流雾的天气概念模型（2002 年 12 月 14 日 08 时）

（a. 500 hPa 高度场和温度场；b. 700 hPa 高度场和温度场；c. 地面形势与雾区分布；d. 北京探空图）

5.1.3　京津冀平流辐射雾的特征与预报

5.1.3.1　平流辐射雾的定义与特征

平流雾形成的物理过程是一个比较复杂的问题。仅有暖湿空气的平流条件，有时不容易形成雾，往往是暖湿平流再配合地面的辐射冷却，在这两种因子综合作用下更易形成雾，称为平流辐射雾。这种雾在京津冀出现的频率也比较高。由于有暖湿平流的存在，逆温层往往比较高，因此这种雾的高度也比较高。在京津冀上空，中高层（700 hPa 及以上）受西北气流控制，低层（850 hPa 及以下）受西南气流控制时所形成的雾多为平流辐射雾，其湿度场的垂直结构为"上干下湿"。

5.1.3.2　平流辐射雾的天气概念模型

京津冀平流辐射雾的天气概念模型如下：700 hPa 以上受西北偏西气流控制，850 hPa 以下逐渐转受西南气流控制；逆温层高度比一般的辐射雾要高，但一般比平流雾要低；湿度场的垂直结构为"上干下湿"，雾顶以上湿度迅速减小；地面处于弱气压场中。

图 5.18 给出了河北省 2002 年 12 月 13 日一次平流辐射雾过程的天气形势。在 700 hPa

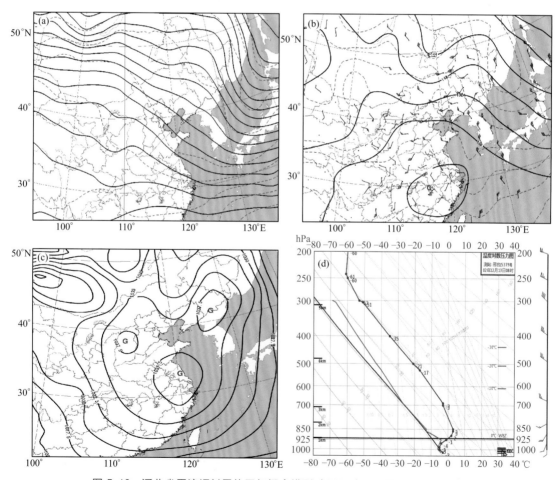

图 5.18　河北省平流辐射雾的天气概念模型（2002 年 12 月 13 日 08 时）
（a. 500 hPa 高度场和温度场；b. 850 hPa 高度场和温度场；c. 海平面气压与雾区分布；d. 邢台探空图）

以上层次，河套以东的大部分地区受西北气流控制（图 5.18a），850 hPa 河北中南部处在西南气流里，同时有一暖脊控制河北（图 5.18b），从邢台的探空曲线看（图 5.18d），湿度垂直结构为典型的"上干下湿"，天空晴朗少云，受平流和辐射共同影响，河北中南部出现了大雾天气，为平流辐射雾。

5.1.4　京津冀雨雾概念模型

5.1.4.1　雨雾的定义及形成条件

雨雾即和降水相伴随的大雾。降水可以是锋面降水，也可是其他一般性降水，与锋面降水相联系的雾也叫锋面雾，包括暖锋前的雾、冷锋后的雾、静止锋雾。雨雾的形成过程为：当降水下落通过干燥空气层时，液滴或冰晶通过蒸发作用或直接升华为水蒸气，蒸发过程在冷却空气的同时增加了降水云系下层大气的水汽含量，因此雨雾可以通过降水下落到边界层因蒸发冷却直接生成，也可以随后由于边界层内的水汽增加，导致露点温度升高达到饱和而形成。可见，雨雾是另一种形式的蒸发雾。如果降水云系过后迅速转晴，夜间辐射冷却也会导致大雾出现。

雨雾绝大多数情况伴随弱的降水出现，同时也要求有稳定的边界层，但逆温强度不一定大，中性层结即可。雨雾可在一天的任何时段出现，但能见度一般不会太低，在 400 m 以上，雨势增强或地面风速加大，干冷空气不断侵入，都可能造成雨雾消散（严文莲 等，2010）。

5.1.4.2　雨雾的特征与预报

京津冀雨雾在四季均可出现（冬季可伴随降雪出现），但秋季出现的概率最高，夏季次之。雨雾发生时主要特征和天气概念模型如下：

（1）受东移高空槽影响，京津冀区域出现弱降水；

（2）地面有弱冷锋配合，雾区发生在锋前弱气压控制区；

（3）在低层 850 hPa 和 925 hPa，京津冀地区有暖脊或暖中心存在；

（4）探空图上，雨雾的温湿廓线和辐射雾、平流雾有明显的差别，一是低层湿层厚，中高层没有明显的干层；二是逆温不明显，有时有逆温层，有时没有，或为中性层结；三是1000 hPa 的温度略高于或等于地面温度；

（5）京津冀雨雾发生时能见度一般不会太低，一般在 400 m 以上，但也会有低于 200 m 的浓雾出现；

（6）能见度随雨强、地面风的增大而升高。

图 5.19 给出了 2011 年 10 月 9 日的一次发生在京津冀的雨雾过程，500 hPa 有一高空槽从山西移过（图 5.19a），9 日夜间到 10 日上午影响北京以南地区，与高空槽配合，地面有一东北—西南向冷锋（图 5.19d），京津冀平原处于锋前，从 850 hPa 和 925 hPa 温度场可以看出河北中南部有一东北—西南向的暖脊（图 5.19b，c），降水发生在京津冀地区，同时在10 日凌晨到白天出现大范围的雨雾（图 5.19d 阴影）。从邢台和北京的探空图可以发现，湿层基本达到 500 hPa 的高度，且边界层逆温不明显（图 5.19e，f）。

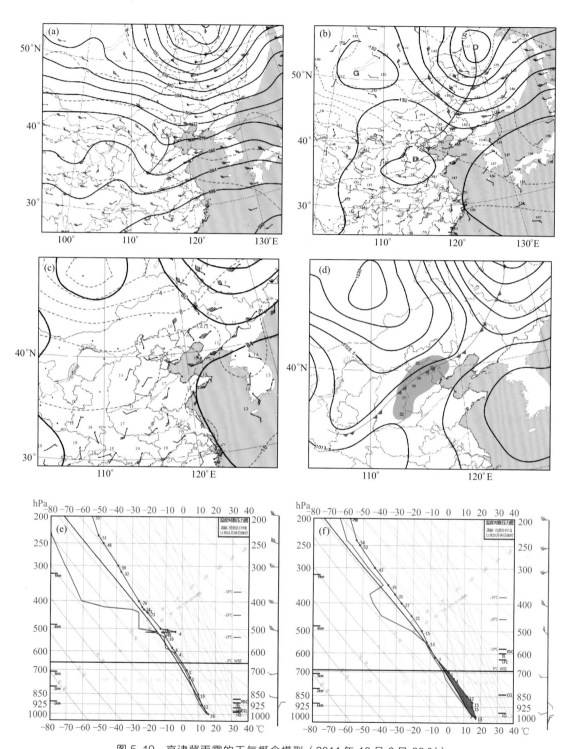

图 5.19　京津冀雨雾的天气概念模型（2011 年 10 月 9 日 08 时）
（a、b、c 分别为 500 hPa、850 hPa、925 hPa 的高度场和温度场；d. 海平面气压场（实线）
及雾区（绿色阴影）；e, f. 邢台和北京探空图）

5.2
河北海雾的特征与预报

河北省的海洋气象灾害主要有海上大风、风暴潮、海上强对流、海雾等天气，海雾相比其他几种气象灾害天气，虽然不会直接造成人员伤亡，但是海雾造成的低能见度对于海上交通、港口作业具有很大的影响。京津冀地处渤海西岸区，拥有曹妃甸、秦皇岛、天津、黄骅等船舶运输大港，近年来，随着我国海洋经济发展的迅速崛起，船舶运输量剧增，海洋交通成为重要的交通方式，大雾导致海事交通管制、船舶碰撞事件频发。2010 年 1 月 19 日发生在渤海地区的大雾天气给船舶航行带来了严重影响，港口封航。

通过对 2005—2018 年沿海地区雾的天气气候变化规律进行分析，建立了天气模型、技术指标等改进大雾天气的预报方法，提高了海雾监测与预报的整体水平。

5.2.1　海雾定义及特点

海雾是在特定的海洋水文和气象条件下产生的。当低层大气处于相对稳定状态时，由于水汽的增加及温度的降低，近海面的空气逐渐达到饱和或过饱和状态，此时，水汽以细微盐粒等吸湿微粒为核心不断凝结成细小的水滴、冰晶或者两者的混合物，悬浮在海面上几百米以内的低空中，当雾滴增大、数量增多，使能见度降低到 1 km 以下时，便形成了海雾。

我国近海以平流冷却雾最多。雾季从春至夏自南向北推延。南海海雾多出现在 2—4 月，主要出现在两广及海南沿海水域，雷州半岛东部最多；东海海雾以 3—7 月居多，长江口至舟山群岛海面及台湾海峡北口尤甚；黄海雾季在 4—8 月，整个海区都多雾，成山头附近海域俗称"雾窟"，平均每年有近 83 d 出雾；渤海雾季在 5—7 月，东部多于西部，集中在辽东半岛和山东半岛北部沿海。渤海西岸从莱州湾以北直到秦皇岛的广大海区出雾相对偏少，主要集中在海岸带 20~30 km 地域。

5.2.2　海雾分类

傅刚等（2004）、孙奕敏（1994）、吴兑等（2011）等根据形成雾的天气系统、物理过程，对雾的强度、厚度、温度、相态结构等进行了划分。根据海雾形成特征及所在海洋环境特点，可将海雾分为平流雾、辐射雾、混合雾和地形雾 4 种类型。

（1）平流雾

在弱低压场的背景下，低层 925 hPa 和 850 hPa 暖湿空气移到环渤海相对较冷的海面时，暖湿水汽冷却凝结形成平流冷却雾，每年 4—6 月渤海的海雾多属于此类。平流冷却雾可在一天的任何时间出现，持续时间略长，与辐射雾相比日变化不明显。平流雾一般雾性浓、范围大、持续时间长，伸入大陆较远，日变化不明显。

冷空气从相对较暖的海面上经过，海面蒸发，向空中输送水汽并与冷空气混合，在冷却的过程中迅速凝结而成海雾叫作平流蒸发雾。平流蒸发雾一般生成在边界层内较浅薄的低层且持续时间很短，多出现在冷季高纬度海面。

（2）辐射雾

在弱高压场或均压场的背景下，当海面上有一层悬浮物质或有海冰覆盖时，夜间由于海表辐射冷却作用使海面水汽凝结而形成的雾，称为辐射雾。它一般出现在晴朗、微风潮湿的夜晚或清晨，在秋冬季比较容易出现（秋冬季夜间长，白天晴天多，辐射冷却量大）。有明显的季节性和日变化，秋冬季居多，多在下半夜到清晨，日出前后最浓，白天辐射升温逐渐消散，特别是海岸带地区雪、雨后或高空槽前半夜快速过境对近地层增湿更为有利。

（3）混合雾

混合雾是海洋上两种温差较大且又较潮湿的空气混合后产生的雾。因降水活动产生了湿度接近或达到饱和状态的空气，冷季与来自高纬度地区的冷空气混合形成冷季混合雾，暖季与来自低纬度地区的暖空气混合则形成暖季混合雾。

（4）地形雾

海面暖湿空气在向岛屿和海岸爬升的过程中，冷却凝结而形成的雾，称为地形雾，主要发生在海岸带及岸区附近。

5.2.3　资料选取

依照能见度的大小将雾划分为雾（500 m＜能见度≤1000 m）、浓雾（50 m＜能见度≤500 m）和强浓雾（能见度≤50 m）。由于渤海气象监测站点少，本节根据天津塘沽渤海埕北A平台国家基本气象观测站和迁站后的河北秦皇岛国家基本气象观测站雾的监测数据进行统计分析。河北秦皇岛站自2000年迁站后，距离海岸线直线距离约550 m，相比河北其他国家站的地理位置，具有很好的海岸带气象观测特征。天津塘沽渤海埕北A平台站自1988年开始观测，2005年开始采用自动观测，位置处于渤海中西部地区，具有较完整的海洋气象观测数据。同时，为了比对海雾站（A平台）特征，选择昌黎、乐亭、曹妃甸、黄骅、海兴5个距离渤海最近的沿海地区内陆站点做对比分析，具体站点分布见图5.20。

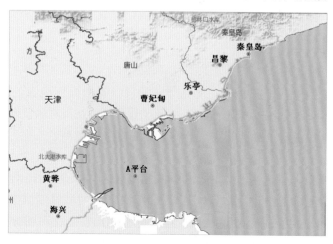

图 5.20　环渤海统计站点分布图

5.2.4　河北（渤海西岸）海雾特征

选取 1988—2018 年（31 年）A 平台、昌黎、乐亭、曹妃甸、黄骅、海兴，以及秦皇岛 2000—2018 年（19 年）共 7 个站点的年数据，2005 年以后 A 平台和秦皇岛两个站点的大雾日发生、消散的记录分析渤海雾特征。

5.2.4.1　年际变化特征

1988—2018 年（31 年）A 平台共有雾日 670 d，占总样本日数的 5.9%，2000—2018 年（19 年）秦皇岛共有雾日 284 d，占总样本日数的 4.1%。A 平台年平均雾日为 21.6 d，1990 年的雾日最多，为 45 d，其次是 1998 年，为 32 d，其他年份均小于 30 d，其中 2011 年和 2018 年雾日小于 10 d，分别为 7 d 和 8 d。秦皇岛年平均雾日为 14.9 d，2014 年最多，为 51 d，其次是 2015 年，为 44 d，其他年份大部分为 10 d 左右，最少年份为 2012 年，仅有 4 d。两站雾日相比，2014 年之前，秦皇岛站雾日基本小于 A 平台，但 2014 年以后秦皇岛站的雾日大于 A 平台。同时对 1988—2018 年（31 年）昌黎、乐亭、曹妃甸、黄骅、海兴 5 个沿海地区的内陆站点做对比分析，可以发现，A 平台的年大雾日数在 2010 年以前多于内陆平均大雾日数，2011 年以后，沿海内陆地区尤其是曹妃甸、乐亭等地区大雾日数明显增多，曹妃甸 2014 年达 57 d（图 5.21）。

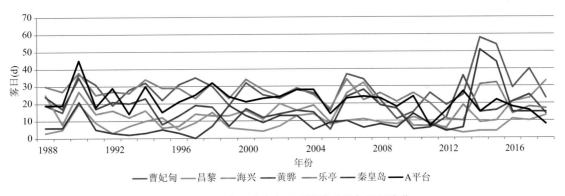

图 5.21　A 平台、秦皇岛及环渤海 5 站年雾日变化

5.2.4.2　月际变化特征

A 平台月平均雾日均小于 3 d，其中 2 月、12 月最多，各达 3.0 d，9 月最少，为 0.1 d。1—7 月，从冬季到夏季，雾日处于缓慢减少的时期，但变化并不明显，8—9 月雾日出现骤降时期，10 月开始，秋冬季雾日逐渐增多，冬季 12 月—次年 2 月达到一年当中雾日最多的时期。秦皇岛月平均雾日均小于 2 d，其中 7 月、10 月最多，各达 1.9 d，1 月最少，为 0.6 d。处于渤海西北部地区海岸带的秦皇岛雾日最大时期并没有发生在冬季，而是夏季和秋季。对昌黎、乐亭、曹妃甸、黄骅、海兴 5 个沿海地区的内陆站点做对比分析，发现除了昌黎大雾的月际变化没有明显的特征外，其他 4 个站点均具有明显的月际变化特征，春季 3—5 月均是一年当中雾日最少的季节。夏季 6—8 月渤海西北部的内陆地区（乐亭、曹妃甸）雾日逐渐增多，但西南部的内陆地区（海兴、黄骅）6—9 月仍然处于全年当中雾日较少的季节。秋季 9—10 月开始各站大雾日数均开始增多，秋末、冬初的 11—12 月为全年雾日最多的季节（图 5.22）。

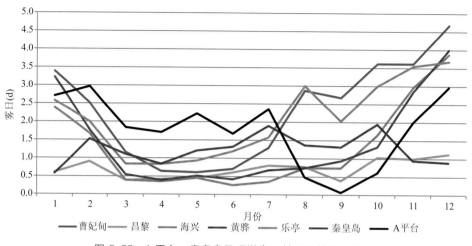

图5.22　A平台、秦皇岛及环渤海5站月平均雾日变化

张苏平等（2008）给出了中国近海不同海区海雾的年际和月变化特征，即渤海、黄海海雾具有"7月为最大峰值，8月海雾明显骤减"的特征。梁军等（2000）对大连近海的海雾研究表明，大连近海海雾主要集中在5—7月。以上数据分析也表明了A平台具有很好的海雾月际变化特征，秦皇岛的海雾变化特征与陆地完全不相同，甚至具有相反特点，但是7月为全年大雾峰值的月份，与渤海海雾的特征有相似之处。

海雾多发于冬季，这与陆地雾特征相似，但秋季海雾为全年发生最少时期，这与陆地特征不同，陆地全年雾发生最少时期为春季（4—5月）。

5.2.4.3　日变化特征

大多数雾具有明显的日变化特征，梁军等（2000）对大连近海的海雾研究表明，大连近海海雾多生成在20时—次日08时，气温最低的黎明前后海雾出现频率最大。侯伟芬等（2004）指出，浙江沿海海雾04—06时最多。苏鸿明（1998）的研究表明，台湾海峡的雾05—07时最多。由此可知，海雾日变化沿海各地比较一致，即黎明前后海雾生消最多，这与气温日变化在黎明前后最低有关。

对A平台和秦皇岛2005—2018年雾日的生持、消散进行统计分析（表5.4）。由于夜间雾的监测没有具体时间，因此将日变化按照夜间、上午、下午三个时段进行统计分析。可以看到，海雾的生消为全天候的，即24 h内都可以发生，也可以消散。大多数海雾主要在夜间生成，占比达76.1%～86.2%，其次是下午生成，而在下午生成的雾中，多数是16时以后生成的。雾的消散则以夜间和下午最多。因此可以看出，秦皇岛海雾多在夜间生成，并于08时前消散，持续时间短，日变化很明显。A平台海雾多在夜间生成，且于下午消散，持续时间较长，日变化特征并不显著。

表5.4　秦皇岛、A平台各时段雾生成和消散所占百分比（单位：%）

时间	秦皇岛		A平台	
	生成	消散	生成	消散
夜间（20时—次日08时）	86.2	72.3	76.1	20.4
上午（08—12时）	3.0	17.7	10.6	24.7
下午（12—20时）	10.8	10.0	13.3	54.9

5.2.4.4　海雾的气象要素特征

通过上述分析，A 平台的海雾特征最为显著，因此对 A 平台的 1988—2018 年 670 个雾日进行气象要素特征分析。提取 08、14 和 20 时 3 个时刻的能见度小于等于 1 km 的相对湿度、风向、风速气象要素数据，样本均为 732 个，其中冬季（12 月—次年 2 月）最多，共 355 个，约占 48%，春季共 180 个，夏季共 113 个，秋季最少，共 84 个，约占 11%。

A 平台相对湿度特征：出现大雾的中位数相对湿度基本为 93%～95%（图 5.23）。

A 平台风速特征：出现大雾的中位风速为 4～5 m/s，约为 3 级风（图 5.24）。

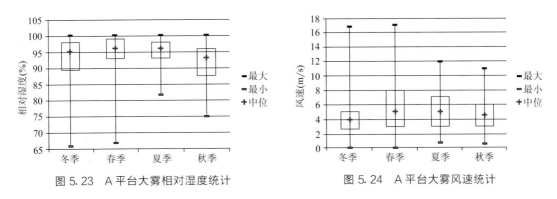

图 5.23　A 平台大雾相对湿度统计　　　　　图 5.24　A 平台大雾风速统计

A 平台风向特征：冬季主要是 NW-WSW 和 NNE-ENE 两个主要风向，春季以 NE-SE 为主，夏季以 NE-SE 为主，秋季以 S 和 WSW-NW 为主（图 5.25）。

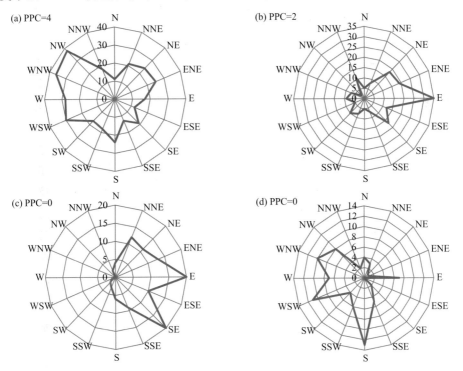

图 5.25　A 平台大雾风向玫瑰图

（a. 冬季；b. 春季；c. 夏季；d. 秋季；PPC 为静风次数）

A 平台海气温差特征：曲平等（2014）对 1988—2010 年渤海海雾发生时，表层海温和气温的关系做了深入研究，给出了不同海气温差时海雾出现的频率，海气温差绝对值为 0～2 ℃，约占 60％；2～4 ℃的占 25％；4～6 ℃的占 10.6％；>6 ℃的仅占 3％。海温大于气温约占 59％，海温小于等于气温约占 41％。

秦皇岛的海雾特征相对 A 平台不是非常显著，对 2000—2018 年 284 个雾日进行气象要素特征分析。提取 02、08、14 和 20 时 4 个时刻的能见度小于等于 1 km 的相对湿度、风向、风速气象要素数据，样本均为 168 个，其中冬季（12 月—次年 2 月）最多，共 71 个，约占 42％，春季共 31 个，夏季最少，共 28 个，约占 17％，秋季共 59 个。

秦皇岛相对湿度特征：出现大雾的中位数相对湿度基本为 97％～98％（图 5.26）。

秦皇岛风速特征：出现大雾的中位风速为 0.2～0.8 m/s，为 0～1 级风（图 5.27）。

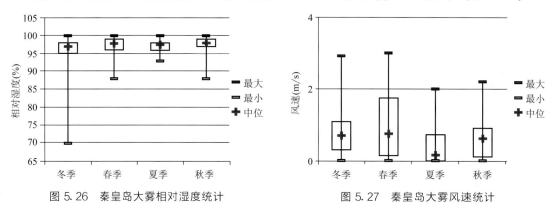

图 5.26　秦皇岛大雾相对湿度统计　　　　图 5.27　秦皇岛大雾风速统计

秦皇岛风向特征：静风是每个季节出现大雾的主要风向特征，其次冬季主要是 NW-W 和 ENE-E 两个主要风向，春季以 WNW 和 E 为主，夏季以 WNW 和 E-ESE 为主，秋季以 NW-W 为主（图 5.28）。

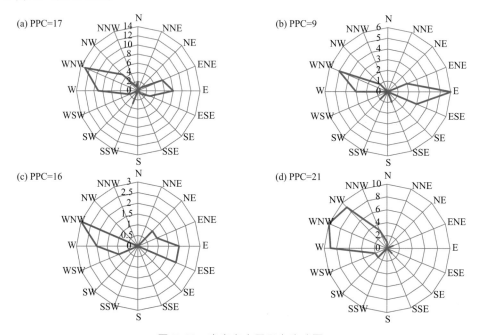

图 5.28　秦皇岛大雾风向玫瑰图

（a. 冬季；b. 春季；c. 夏季；d. 秋季；PPC 为静风次数）

通过对 A 平台和秦皇岛两个海洋及海岸气象观测站分析，可以看出，海区中大雾出现时风速不一定很小，出现大雾时大部分风力在 3 级，而秦皇岛风力则更小，为 0～1 级。

5.2.5　河北海雾的预报

为了提高海雾的预报准确性，总结和整理海雾发生时的天气形势特征十分必要，本节对 2015—2018 年秦皇岛站和 A 平台站同日出现大雾的天气进行归纳和总结，从 500、850、925 和 1000 hPa 以及地面、探空（乐亭站）等多个方面，总结渤海大雾发生时天气形势和环流特征。

5.2.5.1　500 hPa 形势场特征

海雾发生时中层 500 hPa 形势主要有三类：当渤海西部海区出现大雾时，大多数 500 hPa 为偏西风，纬向型环流，没有冷空气影响，此种形势大多在秋冬季出现（图 5.29a）；夏季南海或者台湾附近有热带气旋，由于该气旋的外围影响，渤海上空中低层以偏东风为主（图 5.29b）；当有西风槽冷空气影响渤海前，渤海中层为西南风或者偏西风，或者位于东北地区的横槽，在其转竖前（冷空气影响前），渤海中层主要是偏西风（图 5.29c, d）。

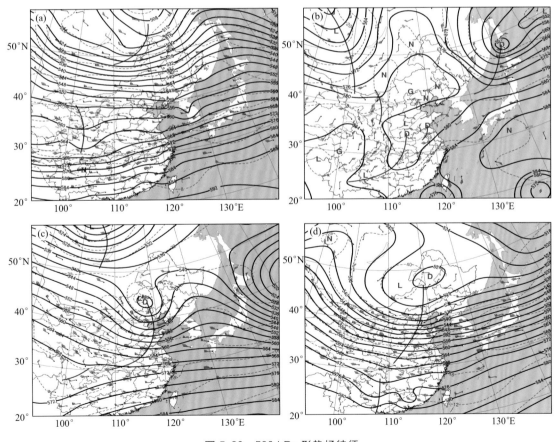

图 5.29　500 hPa 形势场特征

5.2.5.2 850 hPa 形势场特征

海雾发生时低层 850 hPa 形势主要有三类：渤海为暖脊或者暖脊边缘的西南风影响，暖湿气流的输送有利于大雾的生成和维持（图 5.30a，b）；渤海主要受西北气流控制，高度场与温度场存在一定的夹角，冷空气的影响还未到达地面，在大雾消散前 6 h 内，大雾的浓度可能有加强的趋势。还有另外一种情况，虽然 850 hPa 高度场与温度场存在一定的夹角，呈现"大风降温"的特征，但由于冷空气强度较弱，未来 12 h 内渤海区域 850 hPa 温度并没有明显下降（图 5.30c）；受南海或者台湾海域附近的热带气旋的外围影响，渤海上空以偏东风为主，有利于海上水汽的输送，致使大雾加强和维持（图 5.30d）。

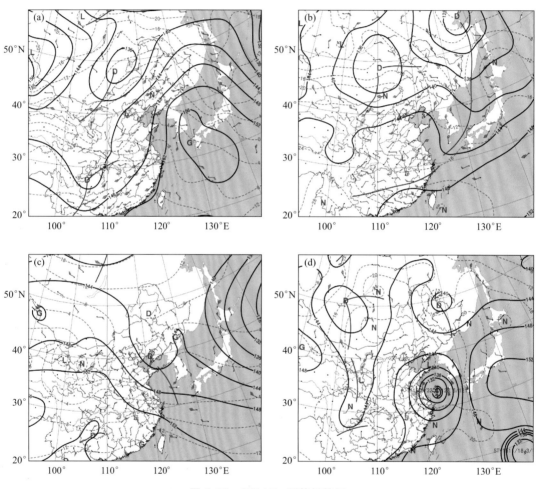

图 5.30 850 hPa 形势场特征

5.2.5.3 1000 hPa（925 hPa）形势场特征

大多数大雾发生时，表现为低层有逆温，对于大雾不是很强的天气，850 hPa 的暖脊往往不是很明显，但近地面层的暖脊相对明显，因此 1000 hPa（925 hPa）的主要特征为暖脊，风向没有明显的特征。当暖脊范围大、强度较强时，越有利于渤海大雾的发生（图略）。

5.2.5.4 海平面气压场特征

渤海大雾发生时，地面气压场主要有以下三类特征：入海高压后部的弱气压场（图5.31a），其主要特征为，蒙古或者我国内蒙古地区有一低压冷锋带，东北至华北大部分地区处于中心位于日本海的高压后部；低压锋面影响（图5.31b），其主要特征为，河北内陆地区处于锋面影响，渤海地区位于锋前，锋面东移导致大雾堆积，是渤海大雾消散（或减弱）前的最后阶段；鞍型场（图5.31c），其主要特征为，河北以及渤海地区处于南北低压、东西高压的鞍型场中间，气压较弱，风速较小；大高压边缘的弱气压场（图5.31d），其主要特征为，东北地区处于高压控制，华北至山东半岛处于次高压的南部的边缘地区，气压场较弱。

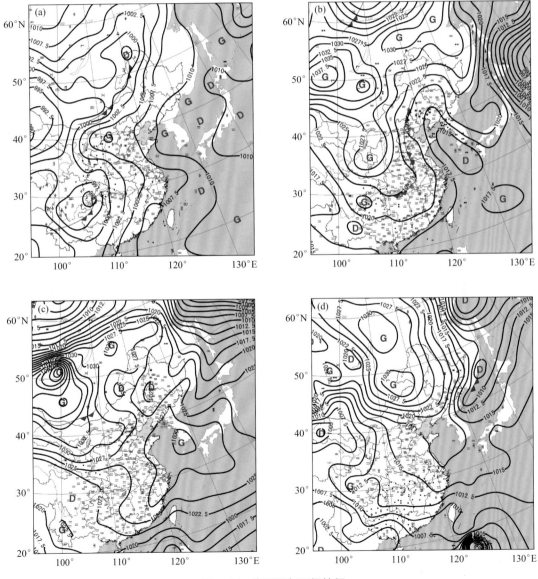

图5.31　海平面气压场特征

5.2.5.5 探空特征

由于渤海区域内探空数据缺失，只能以陆地站的探空分析作为替代，本节选取乐亭站的探空资料进行分析。当渤海西部发生大雾时，探空数据反映出的特征更为明显，主要分为以下三类。

(1) 浅薄逆温层：从地面（或者1000 hPa）到970 hPa左右，只有很浅薄的一层逆温区域，近地面层相对湿度较大，其他高度层温度露点差较大（图5.32a）。

(2) 没有逆温层：从地面（或者1000 hPa）到850 hPa上下，温度露点差较小，低层相对湿度大（图5.32b）。

(3) 存在逆温层：从地面（或者1000 hPa）到850 hPa上下，存在明显的逆温层（图5.32c）。

尽管逆温型态不同，但温湿廓线有一个共同特征，逆温层之上普遍存在着较为深厚的干层。

当然并不是所有的大雾天气都是这三类的探空特征，但其他的探空层结曲线基本与这三类高度相似，或者同时具备其中两种特征（图5.33），例如1000 hPa左右为无逆温特点，925 hPa上下又出现逆温层。还有大雾发生时，没有逆温，只有非常浅薄的湿层，只有1000 hPa的温度露点差较小，表现出近地面层相对湿度较大的特征。

在实际业务中，当预报渤海大雾发生时，并非上述总结的500、850和1000 hPa以及地面气压场、探空曲线等都必须满足，其中的几个条件满足时，就容易出现大雾，当然符合上述总结条件越多，大雾出现的概率就越高。但根据经验来看，探空层结曲线和低层逆温是最主要的特征。

5.2.5.6 海雾预报思路

当预报大雾可能发生时，首先从气候背景考虑，是否是大雾多发季节；其次从天气尺度考虑，分析地面到500 hPa的形势场，分析地面气压场、风速、是否存在逆温层和厚度（可以从探空曲线或各层次天气图分析）。还有一些经验总结等，例如降雨（雪）过后，如果冷空气不强，气温回升快，也容易出现大雾。当已经出现大雾，"以雾报雾"也是一种预报方式，但要分析大雾的强弱和维持时间。下面对渤海大雾的预报思路做出几点归纳。

(1) 从气候背景考虑，秋冬季和6—7月是渤海（河北海区）大雾的多发时期。

(2) 地面气象要素的分析，包含风向和风速，上游地区的露点和本站的气温差值，本站温度露点差和相对湿度的变化等。对于海雾预报，还要分析海水表层温度与气温的关系。

(3) 地面天气尺度的分析，气压场比较弱或均压场（如鞍形场）、湿度较大、云量少等，锋面过境，降水发生与否等。

(4) 高空天气形势的分析，中层环流形势、低层暖脊、低层暖湿平流、干冷空气的影响。

(5) 探空逆温层的分析，逆温层存在与否，其厚度、强度等特征，特别要注意1000 hPa与地面间（探空没有显示）的浅薄逆温是否存在。

(6) 辐射雾的预报。由于辐射雾多为局地发生，且高空、地面天气形势多样，相对平流雾而言难度较大。因此，对于辐射雾的预报，要着重考虑天空云量、地面风速、气温、露点等气象要素的预报和分析。

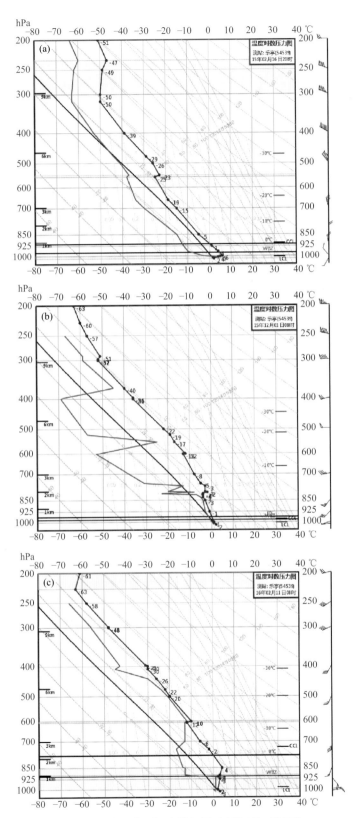

图 5.32　大雾典型探空特征图（600 hPa 以下）

（a. 浅薄逆温层；b. 没有逆温层；c. 存在逆温层）

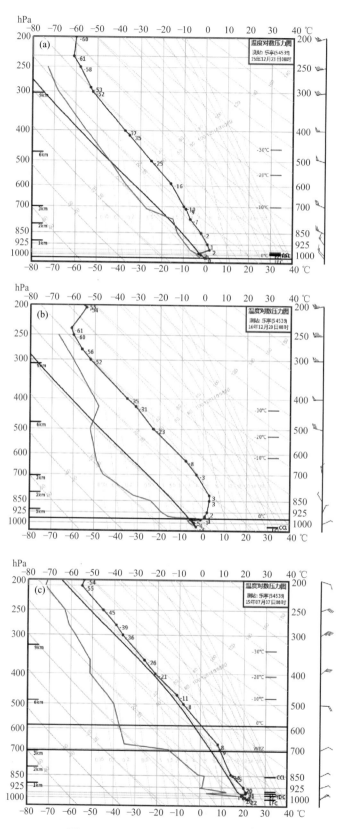

图 5.33　大雾探空特征图的其他形式图

5.3
京津冀大雾预报思路总结

5.3.1　大雾的生成

雾是近地面层的水汽凝结现象。使未饱和空气达到饱和状态，可通过两种方式实现：其一是增加水汽（增湿），其二是使空气冷却（降温）。此外，还要有稳定的大气层结。因此，在预报未来是否会出现大雾时，可从以上三个方面考虑。

对京津冀而言，常出现的大雾主要有：辐射雾、平流辐射雾、平流雾、雨雾。与其他灾害性天气预报一样，大雾的预报也没有一套固定的程序，但根据前面的分析，应注意以下几点。

（1）从天气形势入手，分析大尺度环流背景，河北省大雾绝大部分发生在纬向环流背景下，地面形势表现为弱气压场。

（2）分析大气层结是否稳定。分析本省探空站的探空曲线，看看是否有逆温层存在。有时探空曲线上不存在逆温，还应注意 1000 hPa 和地面的温度，如果 1000 hPa 的温度大于地面温度，说明逆温存在于 1000 hPa 以下。

（3）如果 850 hPa 或 925 hPa 有暖中心、温度脊存在，则更有利于近地层逆温的生成与维持。

（4）在未来不发生降水的情况下，如果地面露点温度在 14 时之前（下午之前）稳定少变，甚至缓慢升高，说明近地层在增湿，有利于次日出现大雾。因为大部分情况下，白天，随着温度升高，露点温度是下降的。

（5）关注大雾发生前一日地面气象要素阈值。由于探空资料的时间和空间分辨率较低，而数值预报对边界层诸要素的预报准确率较低，同时，基于大范围雾具有渐发性特点，所以地面气象要素具有更好的指示作用。根据近十年河北平原大雾的统计，图 5.34 给出了 1—12 月在次日出现零散雾、小范围雾、大范围雾，当日 14 时相对湿度、露点温度、温度露点差、能见度、风速所应达到的阈值，如对于 12 月而言，如果某日 14 时平原所有站点平均相对湿度在 50% 上下，则次日可能有零散雾（＜10 站）；如果在 60% 左右，则可能有小范围雾（＜30 站）；如果在 70% 左右，则次日可能出现大范围雾（＞30 站）。

河北平原大雾的一些消空指标：

（1）如果 08 时高空不存在逆温层或等温层，则该日无雾。

（2）呼和浩特、太原、张家口、北京、邢台五个探空站，08 时 500 hPa 的风向为 320°～360°，风速≥14 m/s 且 850 hPa 风速≥8 m/s 时，当日及次日全省基本无雾。

（3）某日 14 时或 20 时平均风速≥4 m/s 时，次日一般无雾。

5.3.2　大雾的维持与加强

出现下列情况，大雾将维持或加强。

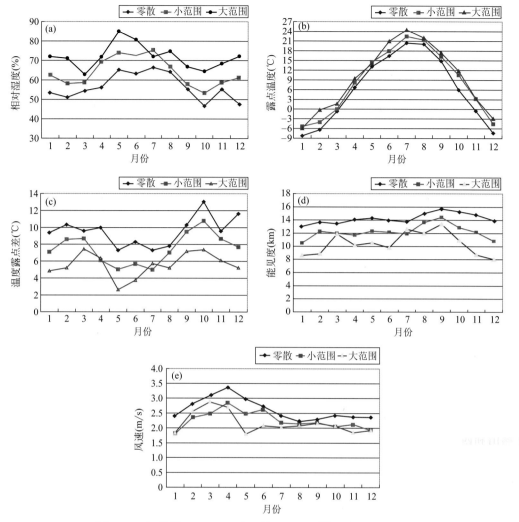

图 5.34　河北平原 1—12 月大雾前一天 14 时地面气象要素阈值
（a. 相对湿度；b. 露点温度；c. 温度露点差；d. 能见度；e. 风速）

　　（1）秋冬季节，已经出现大范围浓雾，如果未来没有强冷空气入侵或云量明显增多，则大雾仍将维持，即"以雾报雾"。

　　（2）在纬向环流背景下，如果有"干性"短波槽过境，则大雾将会进一步发展或加强。

　　（3）对冬季大范围降雪过后产生的大雾而言，如果高空长时间受高压脊控制，且高空风速较小，大雾将维持或发展。

　　（4）当地面图上有华北地形槽、地面辐合线存在时，大雾将会维持与加强。

　　（5）大雾天气过程中，在多普勒天气雷达上，当东部平原有超折射回波出现时，表明大雾将会进一步发展和维持。

5.3.3　大雾的减弱与消散

　　雾消散的条件与形成的条件相反。雾形成时或使空气增加水汽，或使空气冷却达到饱和；消散时则或因加入干空气，或使空气受热皆可。一般来说，风增强和日射加强可使雾消散。在预报大雾减弱或消散时，注意以下几点。

(1) 当有中低云移至雾区时，大雾将明显减弱或消散。

(2) 当有明显的降雪 (雨) 发生时，大雾将逐渐减弱并消散。

(3) 雾的范围和强度越大，要求消除其冷空气的强度就越大。

(4) 秋冬季大雾消散最常见的原因是强冷空气爆发带来的高空风和地面风加大。但由于京津冀的特殊地形，北部燕山、西部太行山对冷空气的阻挡和削弱，有时对冷空气强度把握不好，会造成预报失败。因此，不但要关注地面气压梯度，还要关注高空风，尤其是 850 hPa 及以下锋区强度，如果未来 850 hPa 锋区明显南压至雾区，大雾将减弱或消散。

5.3.4　雾区分布天气概念模型

在大范围成雾条件具备的情况下，并不是区域内所有的站点都有雾。一次连续性大雾过程中，雾的范围、强度是不断变化的。统计发现，雾区的分布与地面气压场密切相关，地面气压场对雾区的分布范围起着重要作用。根据 08 时地面形势，得出以下几种雾区分布的天气概念模型。

5.3.4.1　高压前部型

雾区出现在地面高压前部，分为以下三种。

(1) 西北高压型 (图 5.35a，20 个雾日平均)

这种形势为河北平原秋冬季大雾最常见的地面形势。地面高压中心位于蒙古国东部或内蒙古东部，由于河北北部燕山和西部太行山阻挡，冷空气以扩散形势南下，等压线在河北北部燕山和西部太行山密集，而在河北平原稀疏，雾区多分布在燕山南麓、京珠高速沿线及以东的平原地区，大雾出现的站数较多。而在这种形势下，北京一般不会出现能见度小于 1000 m 的大雾。

(2) 北部高压型 (图 5.35b，10 个雾日平均)

地面高压中心位于内蒙古东部，冷空气沿东北平原扩散南下，等压线在北部相对密集、中南部稀疏，等压线在河北境内呈东西向，雾区的范围和西北高压型相似，但大雾出现的站数要比其少。在这种形势下，北京出雾的概率也比较小。

(3) 西部高压型 (图 5.35c，6 个雾日平均)

高压中心位于河套及以西，等压线呈南北向，与太行山走向平行，等压线在太行山以西密集，以东稀疏，锋面位于河北、山西交界。在这种形势下，雾的范围也比较大，出雾站数比较多，但大雾的范围往往比前两种 (西北高压型、北部高压型) 偏东，主要位于京广铁路沿线以东，是连续性大雾即将结束的形势，随着冷锋东移，大雾自西向东快速消散。

5.3.4.2　锋前低压型

图 5.36a 为锋前低压型的海平面气压场与雾区分布 (4 个雾日平均)，其特点如下：地面高压位于蒙古国中部，地面冷锋呈东北—西南向，河北中南部有一倒槽，在这种形势下，倒槽内的区域常有大雾出现，雾的类型多为平流雾或平流辐射雾，北京或不常出雾的山区也有大雾出现。

5.3.4.3　均压场型

河北一般处于地面气压鞍形场内 (图 5.36b，4 个雾日平均)，为均压场，气压梯度非常

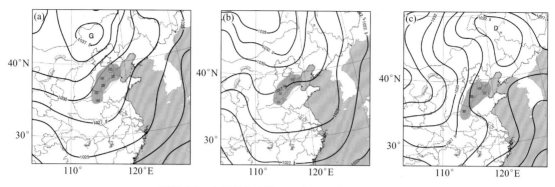

图 5.35　高压前部型海平面气压场与雾区分布

（a.西北高压型；b.北部高压型；c.西部高压型；实线：地面等压线；阴影：雾区）

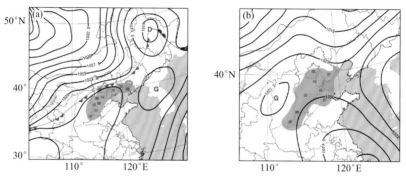

图 5.36　高压前部型.海平面气压场与雾区分布

（a.锋前低压型；b.均压场型；实线：地面等压线；阴影：雾区）

小，这种形势出现情况比较少，但雾区的范围最大，出雾站数最多，持续时间长，大雾常常终日不散，雾区包括京津和部分山区。如 2002 年 12 月 3 日、2004 年 12 月 3 日分别出现 100 站和 94 站大雾。

5.3.5　连续性大雾预报着眼点

（1）京津冀连续性大雾通常发生在纬向环流背景下，有一个逐渐发展的过程，当纬向环流形势长期维持，大雾站数开始呈现逐日增多趋势时，应考虑大范围持续性大雾发生；而这种大范围的大雾一旦出现，如果环流形势没有根本的变化，大雾仍将维持或发展。

（2）当大雾发生在纬向环流背景下，期间快速东移的短波槽湿度场空间结构具有"上干下湿"的特征时，往往会导致大雾进一步发展或维持。但如果短波槽整层湿度条件较好，将造成云量增多，导致大雾减弱、范围缩小。

（3）在大范围雨（雪）过后，如果高空长时间受高压脊控制，且高空风速较小，也会产生连续性大雾。

（4）连续性大雾的结束绝大多数是因为强冷空气入侵带来的逆温层破坏、地面风速加大所致，少数因为较强降水发生所致。

5.3.6　京津冀大范围浓雾预报要点

预报业务中，更关注范围大、强度强的浓雾，预报时可从以下几点来把握。

（1）已出现小范围浓雾。

（2）卫星云图上看，未来河北为晴空或少云。

（3）14 时地面气象要素相关达到次日出现大范围雾的阈值（图 5.34）。

（4）从数值预报温度场看，在 850 hPa 和 925 hPa 上，暖中心或暖脊控制河北。

（5）从数值预报湿度场看，850 hPa 和 700 hPa 湿度小于 40%，为明显的"上干"结构，湿度越小，越有利于辐射降温。

（6）数值预报 2 m 湿度预报在 90% 以上。从预报经验看，本地中尺度 WRF 和 EC 细网格的 2 m 湿度场有较好的预报效果。

如果以上六点都满足，要及时发布大雾预警信号。

5.3.7　京津冀大雾预报流程

以上介绍了大雾发生、维持、加强或减弱、消散等方面的预报着眼点，现在给出河北省气象台常采用的一种大雾预报流程（图 5.37），仅供参考。预报当日，根据实况，分为有雾和无雾两种情况。

（1）当日无雾，根据大雾的渐发性特征，一般预报次日无雾；但有一种情况例外，那就是如果高空有快速移过的高空槽，应注意考虑次日出现大雾的可能性。高空槽在夜间移出越快，也就是转晴时间越早，有效辐射就越强，越有利于出现辐射雾。

（2）当日实况有雾，如果未来大尺度环流背景没有明显变化，排除有中低云移过、较强降水发生、中高层增湿、高空锋区南压几种情况，遵循"以雾报雾"原则，次日大雾维持或加强，否则大雾将减弱或消散。

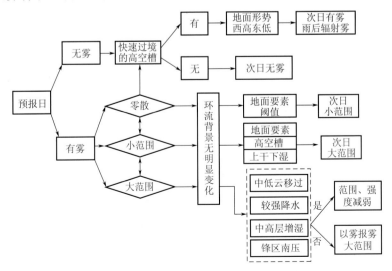

图 5.37　河北省气象台京津冀大雾预报流程

5.4
本章小结

结合实际预报业务，介绍京津冀地区几种主要大雾类型（辐射雾、平流雾、平流辐射雾、雨雾、海雾）的主要特征与预报着眼点，总结了京津冀大雾预报的总体思路及一些预报经验指标。

（1）辐射雾

有着显著的地域分布特点，中南部平原地区高发，坝上高原地区和北京西北部山区出现次数较少，出现辐射雾时最小能见度普遍可降至 0.1～0.6 km。地面气温日较差在 8 ℃左右是辐射雾出现的温度条件之一，春季的日较差大于其他季节，偏大的幅度在 1～3 ℃。

京津冀出现辐射雾时，垂直方向上逆温多从地面开始，且较为浅薄，逆温层厚度平均为 47 hPa；高空相对湿度为"下湿上干"结构，1000～850 hPa 湿度降幅最为显著，700 hPa 及以上降幅趋缓；1000 hPa 主要风向为西风、北风和东风，从低层到高层呈现从北逆时针向西偏转的趋势，且风速随高度的升高而增大。

京津冀辐射雾发生时主要有两种类型：一种是雨（雪）后的辐射雾，一般发生在低槽弱冷锋降水之后，造成降水的高空槽东移速度较快，一般前半夜过境，带来降水后迅速转晴的天气形势，强的辐射降温造成大面积的辐射雾发生；另一种是高压脊控制之下的辐射雾，前期地面湿度逐渐增加，天空持续晴朗少云而导致的辐射雾。

（2）平流雾

京津冀平流雾发生的概率要远小于辐射雾。预报平流雾需要注意以下几点：从底层到高层（925～500 hPa）有明显的高空槽，京津冀平原受高空槽前西南气流控制；高空槽前有暖平流（不能太强盛），暖平流自 700 hPa 越往下越明显，槽后冷平流较弱；以平流逆温为主，逆温层高度较高；大部分情况下，温湿廓线呈现"上干下湿"结构，但也有湿层持续较高、干层较浅薄的情况；从地面形势看，京津冀一般处于入海高压后部的弱气压场中，地面以偏南风或弱的偏东风为主。

（3）平流辐射雾

平流辐射雾在京津冀出现的频率也比较高。当中高层（700 hPa 及以上）受西北气流控制，低层（850 hPa 及以下）受西南气流控制时所形成的雾多为平流辐射雾，其湿度场的垂直结构为"上干下湿"。平流辐射雾的逆温层高度比一般的辐射雾要高，但一般比平流雾要低。

（4）雨雾

雨雾在四季均可出现（冬季可伴随降雪出现），但秋季出现的概率最高，夏季次之。雨雾发生时主要特征和天气概念模型如下：

①受东移高空槽影响，京津冀区域出现弱降水，地面有弱冷锋配合，雾区发生在锋前弱气压控制区；

②在低层 850 hPa 和 925 hPa，京津冀地区有暖脊或暖中心存在；

③探空图上，雨雾的温湿廓线和辐射雾、平流雾有明显的差别，一是湿层厚，中高层没有明显的干层；二是逆温不明显，有时有逆温层，有时没有，或为中性层结；三是 1000 hPa 的温度略高于或等于地面温度；

④京津冀雨雾发生时能见度一般不会太低，一般在 400 m 以上，但也会有低于 200 m 的浓雾出现；能见度随雨强、地面风的增大而升高。

（5）河北渤海海雾

①渤海海雾年平均雾日为 14.9～21.6 d，秋冬季、6—7 月是渤海海雾多发期。一般夜间生成，下午消散，持续时间较长，日变化特征并不显著。

②海雾出现时，相对湿度基本为 93%～95%，风速为 4～5 m/s，冬季主要是 NW-WSW 和 NNE-ENE 两个主要风向，春、夏季以 NE-SE 为主，秋季以 S 和 WSW-NW 为主。海气温差绝对值多集中在 0～4 ℃。

③渤海海雾出现时，高空 500 hPa 以纬向型环流为主，地面气压场为弱气压场或均压场，低层 850 hPa，渤海受暖脊或者暖脊边缘的西南风控制，近地层 925 hPa 有明显的暖脊或暖中心。温湿廓线的主要特征是逆温层之上普遍存在着较为深厚的干层。

（6）京津冀大雾总体预报思路

大雾的生成：抓住成雾的两个关键点（近地层的降温或增湿、稳定的大气层结），从天气形势入手，分析大尺度环流背景，当低层（850 hPa 或 925 hPa）有暖中心或温度脊存在、地面露点温度稳定少变甚至缓慢升高、地面气象要素达到大雾出现的阈值时，预报大雾生成。

大雾的维持或加强：①已经出现大范围浓雾，如果未来没有强冷空气入侵或云量明显增多；②在纬向环流背景下，如果有"干性短波槽"过境；③大范围降雪过后，如果高空长时间受高压脊控制，风速较小；④华北地形槽、地面辐合线存在；⑤多普勒天气雷达上有超折射回波出现。

大雾的减弱或消散：中低云移至雾区；明显的降雪（雨）发生；强冷空气爆发。

（7）雾区分布的天气概念模型

雾区分布与地面气压场密切相关，根据 08 时地面形势，概括出以下几种雾区分布的天气概念模型：高于前部型（西北高压型；北部高压型；西部高压型）；锋前低压型、均压场型。

第6章 大雾的数值模拟、新资料应用与客观预报方法研究

雾是大量微小水滴悬浮于空中，使近地面水平能见度降到 1 km 以下的天气现象。作为一种灾害性天气，雾的危害很大，它不仅会引发交通事故、影响供电系统正常运转，还会严重危害人体健康。当大雾弥漫之际，异常低的能见度会导致"海陆空"的一系列交通事故。目前，对于大雾的监测，除了传统的观测方法外，应用气象卫星如 MODIS 监测大雾（陈林等，2006）也被采用。

对于雾的数值研究，普遍使用的是雾模式。国内外气象学者分别利用一维、二维、三维的雾模式对大雾进行了数值模拟研究，如 Fisher 等（1963）最早采用一维雾模式对辐射雾进行了研究，随后，Zdunkowski 等（1969）、Roach 等（1976）开始应用二维雾模式研究辐射雾。20 世纪 90 年代，任遵海等（2000）应用二维平流雾模式对长江江面平流雾进行了研究；石春娥等（1996，1997）、濮梅娟（2001）、Li 等（1997）分别利用三维雾模式研究了重庆和西双版纳地区的雾。

由于雾模式仅针对雾设计，没有考虑环境背景场的变化对雾的影响，近些年，气象工作者开始使用中尺度模式对大雾进行研究，如 Balland 等（1991）使用中尺度模式对雾预报进行数值试验，樊琦等（2004）应用 MM5 中尺度模式对珠江三角洲地区夏季出现的一次辐射雾过程进行数值模拟和敏感性试验，探讨了辐射项中短波辐射、长波辐射以及模式的垂直分辨率和模式中不同的下垫面类型对这次辐射雾形成和发展的影响。石红艳等（2005）、董剑希（2005）分别对长江中下游和北京地区辐射雾的形成、消散机制进行了模拟研究，同时就各种微物理过程及模式分辨率对辐射雾的影响进行了敏感性试验，得出一些有益的结论。史月琴等（2006）对南岭一次降水天气系统下的山地浓雾进行了三维数值研究，并与野外综合观测做了详细的对比分析，认为暖湿气流被山坡抬升冷却凝结是山地雾形成的重要原因。

6.1
华北平原一次大雾天气过程的数值模拟研究

华北平原是我国北方冬季大雾出现频率较高的地区，对于华北平原大雾的研究，获得了不少成果。例如，毛冬艳等（2006）研究了华北平原大雾发生的气象条件，康志明等（2005）对 2004 年冬季华北平原连续 6 d 的大雾天气进行了诊断分析。但以往的研究多侧重于天气气候特征、天气诊断等方面，对华北平原大雾的三维数值模拟研究比较少。下面将介绍李江波等（2007）应用非静力平衡中尺度模式 MM5V3，使用 T213 资料、常规观测资料、

自动站资料、NECP 资料对 2005 年 11 月 19—21 日发生在华北平原的一次大雾天气过程的数值模拟研究和诊断分析。

6.1.1 天气实况分析

2005 年 11 月 19—21 日，华北地区出现了大范围的大雾天气。20 日，河北省有 80 多个站出现了大雾。河北平原东部、河南北部、山东西北部部分地区雾最浓时能见度不足 50 m。

从 11 月 17 日开始，河北平原东部京广线以东部分地区有大雾，但范围很小，19 日 20 时（北京时，下同），雾区位于河北东南部到山东西北部，20 日 02 时、05 时雾区向四周扩展，08 时继续扩大，河南大部、山东西部与河北平原被大雾所笼罩。下午，雾区的范围和强度减小，雾区主要位于冀东平原和鲁西北。入夜后又开始加强，21 日 02 时雾区进一步扩展，此后一直维持，日出以后，大雾开始逐渐消散，14 时，大雾全部消散。

从 500 hPa 环流形势看（图略），18 日开始，亚洲中高纬为一脊一槽型，乌拉尔山以东地区为一东北—西南向高压脊，新疆北部为一低槽，自新疆以东、35°N 的我国北方地区处于平直的西北偏西气流中。19—21 日，基本维持这种环流形势（图略），所不同的是河套以东地区气流经向度逐渐加大。700 hPa、850 hPa 在 33°N 以北的我国东部地区也以西北气流为主。在这样的环流背景下，没有强冷空气活动，高空以下沉气流为主，下沉增温有利于在低空形成逆温层。从邢台站 19 日 20 时的探空曲线（图略）可以看出，温度曲线和露点温度曲线在 925 hPa 以下相距较近，说明整层大气湿度较大，这种情况一直持续到 20 日 20 时（图略），且低层有逆温存在，有利于大雾发生。

19—21 日，地面形势也比较稳定，从 11 月 19—21 日地面平均气压场（图略）可以看出，蒙古国西部有一强大的高压中心，我国北方大部分地区受其控制，等压线在太行山以东的华北平原变得稀疏，同时，地面风速一般小于 4 m/s，地面湿度较大，这些都有利于雾的生成与维持。大雾期间，平原地区气温基本上在 0 ℃以上。综上所述，本次大雾天气为发生在稳定天气背景下的辐射雾。

6.1.2 数值模拟方案

使用 PSU／NCAR 的三维非静力平衡中尺度数值模式 MM5V3 进行模拟。该模式在 MM4 基础上改进发展，其重大进展是研制出了非流体静力学模式的选项，还提供了降水处理的显式计算方案。模式的动力学框架与物理过程都比较完善，提供了多种参数化方案可供选择，适合于研究各种不同的天气过程，包括比较详细的云雾微物理过程，主要有暖云方案和混合相云方案，暖云方案只考虑了云水和雨水，混合相云方案将水凝物分为云水、雨水、冰晶、雪花、霰、雹等，细致地考虑了云中冰相过程，云中降水粒子的起源，以及云中冰相水凝物的凝华、冻结和融化潜热等过程。

模拟中显式云方案采用暖云方案，积云参数化采用 Grell 方案，边界层采用 Blackadar 高分辨率边界层方案，考虑到辐射对于雾的形成起着很重要的作用，采用了云辐射方案。

模式区域中心为（38.00°N，110.00°E），采用双向嵌套。大、小区域的格点距离分别为 60 km 和 20 km，格点数分别为 53×63、67×55，垂直 23 层，近地层 6 层。地形分别采用

10 min 和 5 min 的全球地形和陆面资料。以 2005 年 11 月 19 日 20 时为初始时刻，采用国家数值预报中心 T213 同化分析数据作为背景场，并应用大雾期间的高空、地面资料对其进行订正，构成模式的初边界条件，模拟时间为 48 h。

6.1.3　数值模拟结果分析

（1）模拟的天气形势分析

对比分析模式输出的 2005 年 11 月 19—21 日各时次的高空和地面形势场，发现模拟结果和实况基本一致。从 19 日 20 时—20 日 20 时地面平均形势场（图略）来看，地面高压中心位置和华北地区的弱高压都与实况接近。因此，模式对此次大雾天气的大尺度环流背景及影响系统的模拟是成功的。

（2）模拟雾区与观测雾区的对比分析

采用液态水含量（云水含量）来描述模拟雾区，一般认为，雾中液态水含量的范围为 0.05～0.5 g/kg（邹进上 等，1982；Cotton et al.，1993）。图 6.1 给出了 11 月 19—21 日几

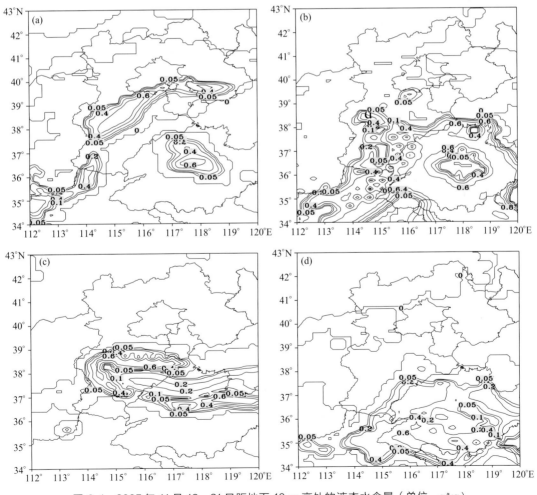

图 6.1　2005 年 11 月 19—21 日距地面 10 m 高处的液态水含量（单位：g/kg）

（a. 19 日 23 时；b. 20 日 05 时；c. 20 日 20 时；d. 21 日 05 时）

个时次模拟雾区的分布图。19 日 23 时，在河北平原和山东西北部雾开始加强，液态水含量最大中心为 0.6 g/kg，但范围不大（图 6.1a）。之后，强度开始增强，范围不断扩大，20 日 05 时（图 6.1b），河北平原大部、山东大部、河南北部被大雾所笼罩，河北与山东交界处雾的浓度较大，液态水含量中心最大值达到 0.5～0.6 g/kg，而在鲁西北山地为一低值区，雾的浓度较小。对比 20 日 05 时的实况监测雾区分布（图 6.2a），可以发现模拟雾区的范围和实况非常接近。此后到 08 时雾的强度和范围变化不大（图略），这一时段大雾最强，监测显示许多站点能见度小于 50 m，个别站点不足 10 m。20 日上午，雾的强度逐渐减弱，范围不断缩小，12 时（图略），雾区缩小至河北东部到山东西部，液态水含量明显减小，中心最大值为 0.25 g/kg。14 时，雾区范围缩至最小，仅覆盖了衡水、德州地区。17 时以后，雾又开始逐渐加强，20 时（图 6.1c），雾区扩大至河北平原中部到山东北部，液态水含量最大达 0.7 g/kg，对比实况（图 6.2b），模拟雾区在山东较实况范围略偏小。21 日 02 时开始，雾区逐渐向东移动，21 日 05 时（图 6.1d），河北平原东部、河南北部、山东大部为雾区，与实况基本一致（图 6.2c）。06 时以后，模拟雾区逐渐移出河北平原，而从实况看，河北平原仍维持大雾（图略）。10 时以后，太阳短波辐射增强，近地层风速增大，平原地区大雾迅速消散。14 时，大雾全部消散。从上面的分析可以看出，对于 19—20 日的大雾，模拟的范围、强度、生消时间与实况基本一致；对于 21 日的大雾，除 06—08 时河北平原西部的大雾消散过快外，基本与实况相符。

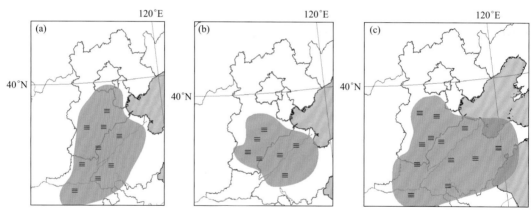

图 6.2　2005 年 11 月 19—21 日地面雾区分布（阴影区为雾区）

（a. 20 日 05 时；b. 20 日 20 时；c. 21 日 05 时）

（3）模拟的气象要素与观测的对比分析

图 6.3 给出了 11 月 19 日 21 时—21 日 14 时邢台站模拟和实测的地面气温、露点温度随时间的演变图，从图 6.3a 可以看出，模拟的地面气温和露点温度 19 日 21 时分别为 6.5 ℃和 5.8 ℃，随着辐射降温的增强，地面气温和露点温度迅速下降，到 20 日 03 时都下降了近4 ℃，由于雾的形成减缓了地面辐射降温，地面气温和露点温度开始缓慢下降，到 20 日 08时降至最低，分别为 0.7 ℃和 0.5 ℃。08—15 时，随着短波辐射的增强，地面气温和露点温度迅速回升，两条曲线的距离也逐渐增大，相对湿度减小，15 时，地面气温和露点温度分别为 10 ℃和 6.5 ℃，从 15 时到 21 日 08 时，地面气温和露点温度又下降到 1 ℃和 0.7 ℃，期间在 20 日 22—23 时有小幅回升，21 日 08 时以后，地面气温和露点温度开始回升，地面

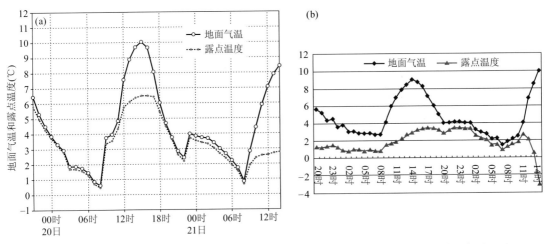

图 6.3　2005 年 11 月 19 日 21 时—21 日 14 时邢台站地面气温、露点温度时间序列

（a. 模拟；b. 实况）

气温比露点温度明显偏高，湿度迅速减小，14 时分别为 8.5 ℃和 2.8 ℃。对比实况资料（图 6.3b），可以发现模拟的温度曲线的变化趋势和实况基本一致，其转折点的数值和实况相差很小；而模拟的露点曲线在 20 日 08 时以前和 21 日 11 时以后比实况偏高，20 日 08时—21 日 11 时变化趋势和实况基本一致。

　　图 6.4a 为模式给出的 21 日 08 时邢台站温度、露点温度的垂直廓线，从图中可以看出其为比较典型的辐射雾温度和露点廓线，0.97σ 层（约 300 m）为逆温层，逆温差为 6 ℃，逆温层下温度和露点线重合，为饱和层，即雾层，逆温层之上为相对的干层。对比实况（图 6.4b），雾层位于 1000 hPa（270 m）以下，逆温层顶为 988 hPa（约 300 m），逆温幅度为 7 ℃，可见对逆温和雾层的模拟是比较成功的，只是逆温层之上的干层比实况小。

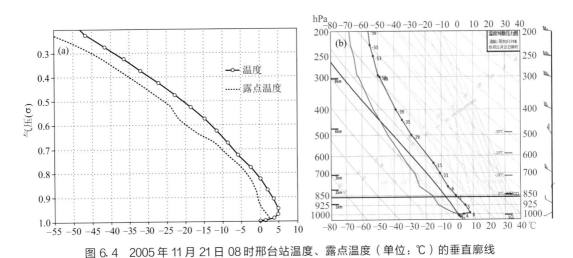

图 6.4　2005 年 11 月 21 日 08 时邢台站温度、露点温度（单位：℃）的垂直廓线

（a. 模拟；b. 实况）

（4）垂直方向上雾的特征分析

　　图 6.5 为大雾期间液态水含量、温度沿 37°N 的空间垂直剖面图。19 日 20 时，边界层温度层结为中性层结，0.99σ 层（约 100 m）以下为等温层（图略），由于近地层水汽充足，在

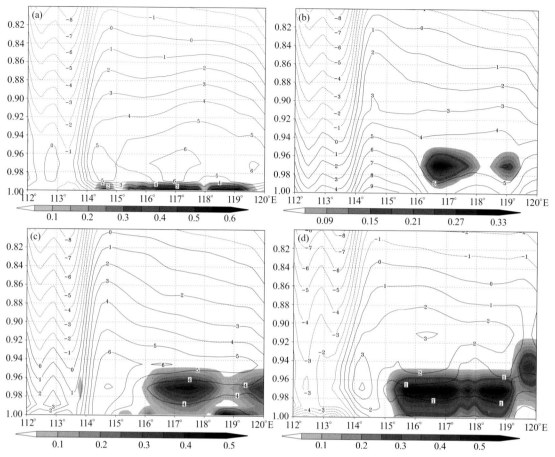

图 6.5　2005 年 11 月 19—21 日模拟的液态水含量、温度沿 37°N 的高度—经度剖面图（阴影
为液态水含量，单位：g/kg，实线为温度，单位：℃，纵坐标是 σ 坐标，为地形追随坐标）
（a. 20 日 05 时；b. 20 日 14 时；c. 20 日 20 时；d. 21 日 05 时）

冀鲁交界平原有雾生成。之后，随着地面辐射降温逐渐增强，温度层结从中性层结向稳定层结发展，20 日 05 时（图 6.5a），0.99σ 层以下逆温幅度达 4 ℃，雾顶高度约 100 m，在逆温层顶以下等温线最密集处，雾的浓度非常强，液态水含量达 0.6 g/kg，尽管雾在垂直方向发展浅薄，但由于近地层雾的液态水含量较高，导致浓雾出现。观测表明，05—08 时，华北平原到山东西部的大部分地区能见度不足 50 m。日出以后，地面吸收太阳短波辐射，地面温度不断升高，湍流混合作用增大，增强了对热量、动量和水汽的输送作用，雾向垂直方向发展，雾顶抬高。11 时，雾顶抬高到 0.97σ 层（约 300 m），液态水含量中心最大值有所减小（图略）。14 时（图 6.5b），随着温度升高，116°E 以西逆温层破坏，华北平原转为轻雾，116°E 以东，0.96σ 层（约 400 m）以下为等温层，大雾仍然维持，液态水含量明显降低，中心最大值为 0.27 g/kg，高度在 200 m 左右。20 时，地面温度降低，在 0.97σ～0.95σ 层出现弱的逆温（图 6.5c），液态水含量最大值增加到 0.45 g/kg，雾开始加强。夜间，辐射降温继续增强，低层大气降温明显，逆温层维持，水汽凝结增强，21 日 05 时（图 6.5d），雾的高度变化不大，雾顶仍在 0.96σ 层（约 400 m），液态水含量明显增大，中心值为 0.55 g/kg，雾的浓度继续加强。09 时以后，由于天空少云，日照条件好，气温迅速回升，逆温消失，大雾逐渐消散，14 时，持续近 2 d 的大雾完全消散（图略）。

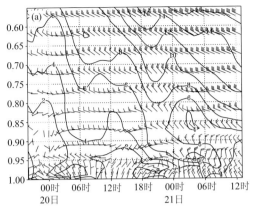 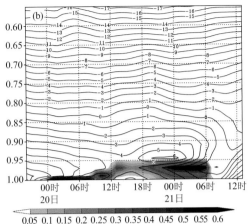

图6.6　在（37°N，116°E）模拟的温度场（a，实线，单位：℃）、液态水含量（b，阴影，单位：g/kg）、风场（a，实线为风速，单位：m/s）19日20时—21日14时时间—高度剖面图（纵坐标是 σ 坐标，为地形追随坐标）

图6.6为第二套网格在河北平原东南部（37°N，116°E）模拟的温度场、液态水含量、风场等要素19日20时—21日14时的时间—高度剖面图（图中横坐标为预报时效）。从图6.6a可以看出，在19日20时至21日08时大雾维持期间，近地层除20日下午为等温层外，都存在着逆温层，逆温层的高度逐渐升高，相应的雾顶高度也逐渐升高，从100 m（0.99σ层）升高到400 m（0.96σ层），液态水含量最大值高度也逐渐升高。相对湿度的时间—高度剖面图（图略）显示，0.96σ（约400 m）层以下，相对湿度超过85%，0.97σ层（约300 m）以下相对湿度为95%～100%，可见近地层充足的水汽非常有利于大雾的发生。从风场时间—高度剖面图（图6.6b）可以看出：0.96σ层（约400 m）以下，风速很小，为0～4 m/s，有利于辐射雾发生，这和史月琴等（2006）得出的低层风速在0～4 m/s发生雾的频率最高的结论是一致的；0.85σ层（1200 m）以上，为西北气流控制，风速随高度增加，有利于下沉增温；20日20时以前，0.97σ层（约300 m）以下，主要为北到东北风，说明近地层有弱冷空气扩散南下，有利于近地层降温。从以上分析可以看出，边界层内逆温层的存在和充沛的水汽是形成大雾的重要条件。

6.1.4 大雾天气的模拟诊断分析

（1）水汽条件

雾的形成过程与层云形成过程是一样的，要求水汽达到饱和状态产生凝结。达到饱和状态有两种基本过程，一种是增湿，一种是冷却。分析低层水汽通量散度可以发现在大雾发展和维持期间，雾区基本上为弱的水汽辐合，在大雾减弱和消散期间，雾区大部分为弱的水汽辐散。从0.97σ层（约300 m）的水汽通量散度分布图可以看出，20日08时（图略），华北平原大部分为弱的水汽辐合区，在太行山以东，沿山脉走向有一水汽辐合带，在邢台有一 -2.8×10^{-7} g/(cm^2·hPa·s)的水汽辐合中心。在20日14时（图略），平原大部分地区变为水汽辐散。从上面的分析可以看出，雾区大部分时段为弱的水汽辐合，这是大雾持续的原因之一。

（2）动力条件

图 6.7 为第二套网格在河北平原东南部（37°N，116°E）模拟的散度场、涡度场时间—高度剖面图。从图 6.7a 可见，19 日 20 时—21 日 11 时的大部分时段内，930 hPa 以下层存在弱的辐合区，20 日 08 时、21 日 02 时分别在 950 hPa 和 975 hPa 上各有一个中心，中心值分别为 $-0.2\times10^{-5}\,s^{-1}$ 和 $-0.5\times10^{-5}\,s^{-1}$，表明低空有弱的辐合上升运动；930 hPa 以上基本为弱的正散度区，中心位于 850 hPa 附近，反映中高层有弱的下沉运动。在 20 日下午则刚好相反，低空以辐散下沉运动为主，与大雾明显减弱的事实是相符的。涡度场（图 6.7b）的时间—空间剖面图表现出与图 6.7a 相类似的情况，在 900 hPa 以下为弱的正涡度区，其以上为负涡度区。从垂直速度场（图略）可以看出，在大雾发展和维持阶段，低层（950 hPa 以下）仅有微弱的上升运动，速度值近似为零，而 930 hPa 以上有弱的下沉运动，最大速度值为 −0.04 m/s。在雾的减弱和消散阶段，基本为弱下沉气流控制。可见，整层大气中下沉运动占主导。大规模的下沉辐散运动有利于中低层大气增温，与近地层的辐射降温相配合，有助于边界层内形成逆温，阻止低层水汽向高层输送，有利于低层水汽的积累和湿度增加，使雾的浓度变大。这也从另一个侧面说明，平原地区的雾一般不通过上升运动形成，这点与云的形成有所不同。

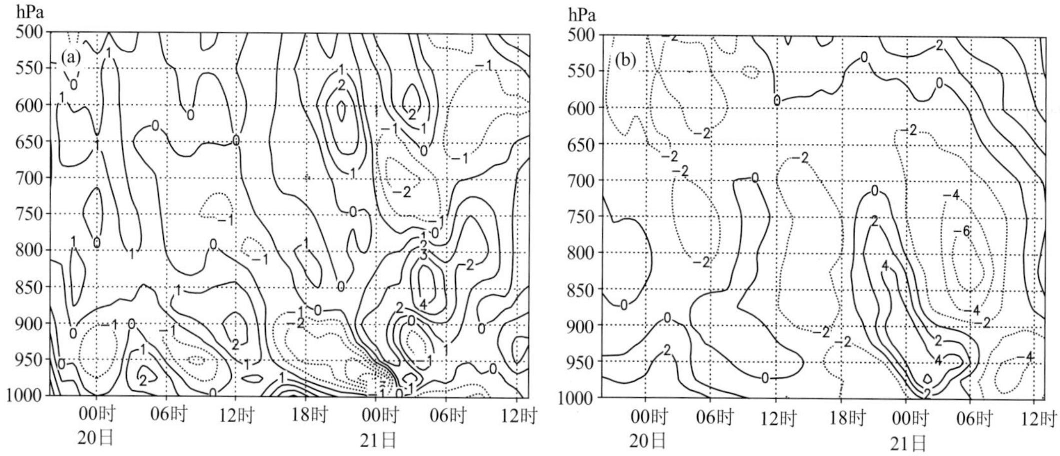

图 6.7　19 日 20 时—21 日 14 时在（37° N，116° E）模拟的散度场（a，单位：s^{-1}）、涡度场（b，单位：s^{-1}）时间高度剖面图

（3）冷却作用

在辐射雾的形成中冷却起重要作用，从热流量方程（朱乾根 等，2000）可知：

$$\frac{\partial T}{\partial t}=-\mathbf{V}\cdot\nabla T-(\gamma_{\mathrm{d}}-\gamma)\omega+\frac{\gamma_{\mathrm{d}}}{\rho g}\left(\frac{\partial P}{\partial t}+\mathbf{V}\cdot\nabla p\right)+\frac{1}{c_p}\frac{\mathrm{d}Q}{\mathrm{d}t}$$

温度的局地变化取决于右侧几项：式中右侧第 2 项，对于平原，近地层 ω 很小，可近似为零；第 3 项变压和气压平流引起的温度局地变化也很小。因此，温度的局地变化主要取决于第 1 项温度平流项和第 4 项非绝热项。非绝热因子主要考虑辐射、水汽凝结、蒸发和地面感热对气温的影响。

从 20 日 05 时温度平流沿 37°N 的垂直剖面图（图略）可知，950 hPa 以下为冷平流，表明近地层有弱冷空气入侵，这一点通过图 6.6a 可以发现，在 0.95σ 层以下基本为北到东北风。700～950 hPa 为暖平流，与下沉运动相配合。冷暖平流的作用对逆温层的建立、维持和雾的形成具有重要作用。

图 6.8 给出了沿 37°N 长波辐射降温率的垂直剖面图，19 日 23 时（图略），在地面开始出现长波辐射降温，之后，长波辐射冷却逐渐加强，使地面迅速降温，在靠近地面处形成一稳定的层结，使得离地面某一高度处长波辐射冷却以较快的速度增加。20 日 02 时（图略）至 05 时（图 6.8a），距离地面约 100 m（0.99σ 层）以下，长波辐射降温率自下向上递减，最大为 −8 K/h，形成较明显的贴地面逆温，近地层出现大雾。大雾的出现，一方面会增加向下的长波辐射，减缓了地面的降温，08 时（图略）贴地层开始出现小幅升温，这也和短波辐射开始逐渐增强有关。另一方面，在雾顶会存在较强的长波辐射，使得雾顶处出现最大降温，有着较强的逆温层结，使辐射冷却得以向上发展，导致凝结，于是雾得以继续生成、发展。11 时（图略），长波辐射降温率在 0.98σ 层（约 200 m）和 0.97σ 层（约 300 m）分别出现了 −0.4 K/h 和 −0.8 K/h 的中心，和雾顶相对应；雾层增厚引起的向下长波辐射的增强使得 0.99σ 层（约 100 m）以下升温明显。14 时（图 6.8b），116°E 以东，0.97σ 层（约 300 m）仍有 −0.8 K/h 的长波辐射降温率中心，大雾维持。可见，地面温度迅速下降有利于雾的形成，雾的形成又会阻碍地面温度的下降。大气长波辐射作用使雾得以形成并向上发展，而雾的向上发展又使长波辐射冷却范围抬升。从这些分析中可以得出，长波辐射是地面降温和雾形成、发展的重要因子，短波辐射是导致大雾减弱及日变化的直接原因之一。

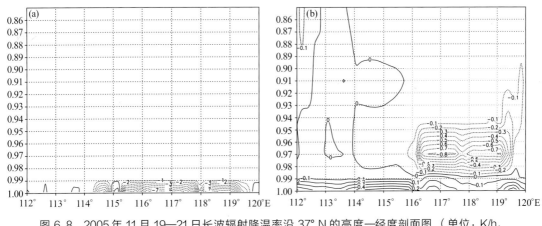

图 6.8 2005 年 11 月 19—21 日长波辐射降温率沿 37°N 的高度—经度剖面图（单位：K/h，纵坐标是 σ 坐标，为地形追随坐标）（a. 20 日 05 时；b. 20 日 14 时）

6.2
华北平原一次大雾天气 CINRAD/SA 雷达超折射回波的射线追踪分析

多普勒天气雷达已经被广泛应用于暴雨、大风、冰雹、短时强降水等灾害性天气的监测和预警中，在天气预报领域发挥了重要作用。多普勒天气雷达尽管不能直接监测大雾，但大雾发生时特殊的温湿结构，会在雷达上有所体现，比如超折射回波的出现。赵瑞金等

（2010）利用石家庄 CINRAD/SA 型多普勒天气雷达资料，结合探空实况对 2005 年 11 月 19—21 日华北平原大雾天气过程的超折射回波进行了射线追踪分析。结果表明：华北平原大雾天气有利于大气波导的形成，产生 3 层模式超折射回波。超折射回波使得雷达的目标视在位置与实际位置产生偏差，特别是对雷达测高影响较大。超折射回波一般出现在大雾天气的发展和维持过程中，为进行雷达空间定位和华北平原大雾天气的监测、预报提供了新的技术手段和科学依据。

天气雷达在观测过程中采用的是锥面扫描，空间定位参数是：R（波束从天线到散射质点所走过的路径长度），θ（天线的方位角），φ（天线的仰角）。在地球大气条件下，一般说来 R 是一条曲线的长度，而且它的曲率是随大气层结的变化而变化。当曲率超过地球表面曲率时，射线由一定的高度反射到地面，再反射上去，如此反复进行，电磁波可以传到很远的地方，这种现象称为大气波导或波导层，产生超折射现象。由超折射现象所产生的回波称为超折射回波，当大气中发生超折射时，会在平面位置显示器上平时无地物回波的距离上出现地物回波。超折射现象的存在，使得雷达读得的目标视在位置与实际位置产生偏差，往往引起人们对雷达回波空间定位造成误解。

在超折射对电磁波传播的影响研究方面，姚展予等（2000）研究了大气波导特征及其对电磁波传播的影响。胡晓华等（2007）分析了气象条件对大气波导的影响，讨论了温度、气压、湿度和风、云、雾等天气现象与大气波导的关系，总结了易出现大气波导现象的天气条件。浙江金华地区的雷达观测人员利用常规雷达的观测资料对超折射回波与未来降水的关系进行过初步分析（浙江金华地区气象台雷达组，1979）。官莉等（2003）利用南京实际观测的超折射回波对大气波导形成条件及传播路径进行了模拟和研究。

6.2.1 2005 年 11 月 19—21 日华北平原大雾多普勒天气雷达超折射回波演变情况

在雷达的平面位置显示产品上，超折射回波一般呈辐射状，有时呈片状，并且回波很强，很像强对流回波，但抬高雷达仰角，超折射回波强度迅速减弱或消失。在卫星云图上这些超折射回波区没有云层，地面观测实况也没有强对流天气出现。根据石家庄 CINRAD/SA 雷达资料，从 2005 年 11 月 20 日 14 时开始，在 0.5°反射率因子图上，方位 62°、距离 128 km 开始有超折射回波出现，速度图上显示的速度为 0，在 1.5°同一位置附近反射率因子图上没有回波。此后超折射回波时现时断，强度也较弱。

从 20 日 22 时 30 分开始，在 0.5°反射率因子图上雷达站东北 100～200 km，方位 30°～60°有较强超折射回波，最大反射率因子强度为 35 dBz。速度产品图上相应位置为零速度。

21 日 02 时，超折射回波明显增强，在 0.5°反射率因子图上，方位 44°～195°、距离 60～400 km 有成片的超折射回波出现，并且回波有层次，强中心位于 52°，距离雷达站 209 km，强度达 60 dBz 以上。相应的 0.5°速度产品图相应位置为零速度，并有紫色距离模糊区。在 1.5°反射率因子图上，方位 40°～70°、距离 200～260 km 范围内有 25 dBz 以下的弱回波，相应的 1.5°速度产品图上为无回波区。

21 日 08 时，超折射回波进一步发展，在 0.5°反射率因子图上，方位 30°～195°、距离 50～460 km 有超折射回波，强中心位于 30°～220°，距离 140～220 km，强度在 60 dBz 以上，在 0.5°速度图上相应区域为零速度区，并伴有紫色距离模糊区，如图 6.9 所示。

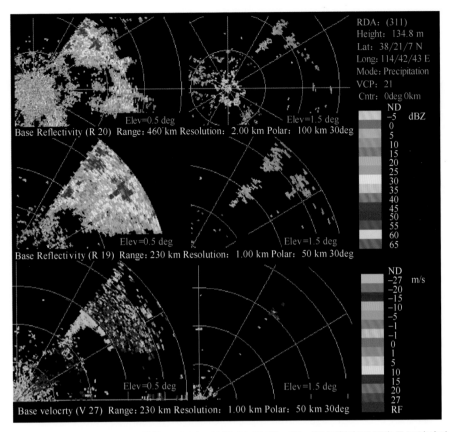

图 6.9   石家庄 CINRAD/SA 雷达 2005 年 11 月 21 日 08：03：53 反射率因子产品和速度产品

超折射回波 11 时左右开始减弱，13 时基本消失，伴随超折射回波的消失，14 时大雾也散尽，此时，在反射率因子和速度回波图上均没有回波。从上面超折射回波出现的时间分布来看，主要出现在大雾的发展和维持阶段。

6.2.2   2005 年 11 月 19—21 日华北平原大雾天气探空资料分析

大气折射与气温、气压和湿度之间的关系为

$$N = (n-1) \times 10^6 = \frac{77.6}{T}\left(P + \frac{4810e}{T}\right) \tag{6.1}$$

式中，N 为大气折射模数；n 为大气折射率；T 为大气的绝对温度，单位为 K；P 为气压；e 为水汽压，单位为 hPa。通常气压、温度和水汽压都随高度而变化（张培昌 等，2001）。

当电磁波传播距离很短时，可近似认为地球表面为平面，但若电磁波传播距离较长时，就必须考虑地球曲率的影响，此时，为了将地球表面处理成平面，通常对 N 进行地球曲率订正而引入大气修正折射模数 M。由 (6.1) 式可得其表达式为

$$M = N + \frac{h}{R_m} \times 10^6 \tag{6.2}$$

式中，$R_m = 6.371 \times 10^6$ m，为平均地球半径；h 为垂直高度（m）。

将 (6.1)、(6.2) 式两边对高度 h 求导，可得

$$\frac{dN}{dh} = -\frac{77.6}{T^2}\left(P + \frac{9620e}{T}\right)\frac{\partial T}{\partial h} + \frac{77.6}{T}\frac{\partial P}{\partial h} + \frac{373256}{T^2}\frac{\partial e}{\partial h} \tag{6.3}$$

$$\frac{dM}{dh} = \frac{dN}{dh} + 0.157 \tag{6.4}$$

当 $dM/dh = 0$ 时为临界折射，雷达射线将绕地球球面传播，其探测将不受地球球面弯曲的影响。当 $dM/dh < 0$ 时，射线的曲率超过了地球的曲率，满足超折射条件。在实际大气中，$\partial P/\partial h < 0$，若 $\partial T/\partial h > 0$ 和 $\partial e/\partial h < 0$，从（6.3）式可见，等式右边三项均为负值，就有利于满足产生超折射所需要的条件，即逆温越显著及水汽压 e 随高度增加减少越迅速，越易形成超折射。

超折射条件下探测到的地物回波有下面几种类型。

（1）两层模式：当从近地面开始往上存在一超折射层，而在超折射层之上为非超折射层时，就使得地物回波从本站开始，较连续地扩展到数十千米或更远。

（2）三层模式：测站周围近处出现正常的地物回波，而在远距离处出现一片超折射回波。其相应的层结为在近地面存在较薄的一层非超折射层，在此层之上有一超折射层，再往上又为非超折射层。

（3）四层模式：相应大气层结由近地面向上依次为：超折射层—非超折射层—超折射层—非超折射层，这种回波比较罕见（张培昌 等，2001）。

为了进一步分析此次大雾天气及超折射回波形成的原因，利用距离雷达站最近的邢台探空站资料分析气象要素的垂直变化特征，并计算大气折射模数 N（实际应用单位）和大气修正折射模数 M，计算结果见表6.1、表6.2和图6.10、图6.11。

表 6.1 2005 年 11 月 20 日 08 时邢台探空记录及计算结果

气压（hPa）	海拔高度（m）	温度（K）	露点温度（K）	e（hPa）	n	N	M
1021	78	278	277	8.13	1.00032426	324.26	336.51
1005	209	278	277	8.13	1.00031980	319.80	352.61
1000	250	278	278	8.73	1.00032130	321.30	360.55
951	668	280	274	6.57	1.00029484	294.84	399.72
925	890	279	271	5.27	1.00028254	282.54	422.27
872	1378	277	269	4.54	1.00026637	266.37	482.72
850	1580	275	268	4.21	1.00026063	260.63	508.69

表 6.2 2005 年 11 月 21 日 08 时邢台探空记录及计算结果

气压（hPa）	海拔高度（m）	温度（K）	露点温度（K）	e（hPa）	n	N	M
1024	78	275	274	6.57	1.00032138	321.38	333.63
1012	174	274	274	6.57	1.00031927	319.27	346.59
1006	222	274	273	6.11	1.00031529	315.29	350.14
1000	270	277	274	6.57	1.00031210	312.10	354.49
988	362	282	270	4.90	1.00029487	294.87	351.70
925	910	278	261	2.43	1.00026994	269.94	412.81
850	1590	272	257	1.75	1.00025133	251.33	500.96

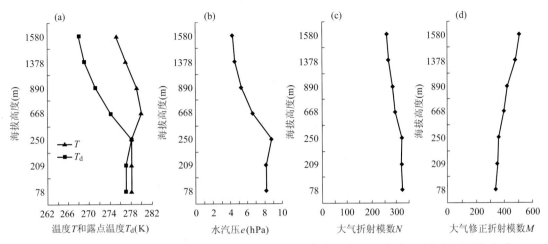

图 6.10　2005 年 11 月 20 日 08 时的温度和露点温度（a）、水汽压（b）、大气折射模数（c）和大气修正折射模数（d）的垂直廓线分布

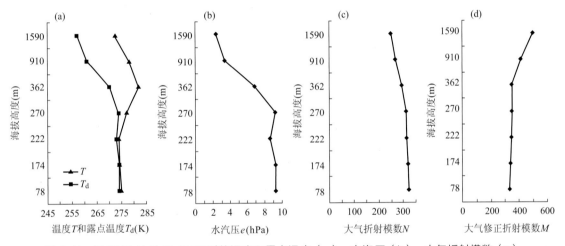

图 6.11　2005 年 11 月 21 日 08 时的温度和露点温度（a）、水汽压（b）、大气折射模数（c）和大气修正折射模数（d）的垂直廓线分布

从图 6.10 可见，20 日 08 时，在 $250 \sim 668$ m 出现逆温，水汽压从 250 m 以上递减，M 自地面随高度呈上升状态，不满足超折射发生的条件。在图 6.11 中，$222 \sim 362$ m 温度随高度增加，水汽压从 $222 \sim 270$ m 增加，270 m 以上开始减少。M 从地面到 270 m 递增，$270 \sim 362$ m 随高度减少，362 m 以上随高度增加。因此，在 $270 \sim 362$ m 存在 $\mathrm{d}M/\mathrm{d}h < 0$ 的情况，满足大气波导的生成条件，并且此次超折射回波为 3 层模式。

从上述两个时次的资料还可以看出，温度和露点温度曲线相距很近，说明整层大气湿度很大，并且均有逆温区，都出现了大雾天气，但前者并没有出现超折射回波，因此，垂直方向出现逆温和湿度随高度递减只是为超折射回波的出现创造了有利条件，只有当达到一定强度才能出现超折射回波。

表 6.3 为 2005 年 11 月 21 日 08 时位于华北平原边缘的北京、张家口、济南 3 个探空站的探测资料及相应的大气修正折射模数 M 计算结果，可以看出在超折射回波出现时，这 3

个探空站上空并没有形成大气波导层，因此，大气波导水平分布并不是均匀的，只是出现在雷达站附近的平原地区，致使电磁波向下弯曲并超过地球曲率。

表 6.3 2005 年 11 月 21 日 08 时北京、张家口、济南探空记录及大气修正折射模数 M 计算结果

北京		张家口		济南	
气压（hPa）	M	气压（hPa）	M	气压（hPa）	M
1027	312.62	946	397.79	1017	324.60
1017	313.34	925	418.81	1000	352.15
1000	326.59	923	421.06	938	415.64
925	408.92	874	474.75	925	418.06
850	495.91	850	502.12	850	495.08

6.2.3 电磁射线追踪分析

根据 2005 年 11 月 21 日 08 时邢台探空资料计算的大气折射模数 N 和大气修正折射模数 M，结合图 6.12 石家庄新一代天气雷达遮蔽角图和 07：45 雷达 0.5°反射率因子产品的超折射回波实况，利用球面大气分层的 Snell 定律，假设在球面分层的各层中电磁波波束直线传播，按照进入大气波导层之前、在大气波导层中以及出大气波导层底达到地面的三个层次对该时刻电磁波的传播路径进行分析。

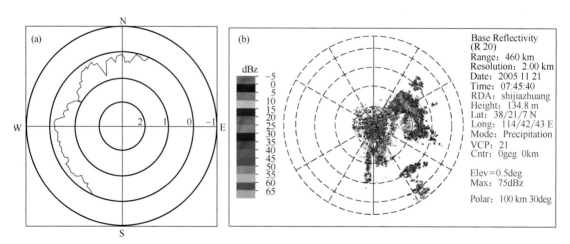

图 6.12 石家庄新一代天气雷达遮蔽角图（a）和 2005 年 11 月 21 日 07：45：40 石家庄
CINRAD/SA 雷达 0.5°反射率因子产品超折射回波图（b）

6.2.3.1 利用球面分层大气计算各层的传播情况

由 Snell 公式（张培昌 等，2001）可知：

$$(r + H)n(H)\cos\varphi(H) = C_0 \tag{6.5}$$

式中，$\varphi(H)$ 为电磁波在 H 高度的仰角；$n(H)$ 为 H 高度上的折射率；r 为地球半径；C_0 为 Snell 常数。

$n(H)$ 可用下述公式（张培昌 等，2001）求出：

$$n(H) = \frac{77.6}{T(H)} \left[P(H) + \frac{4810e(H)}{T(H)} \right] \times 10^{-6} + 1 \tag{6.6}$$

式中，$T(H)$、$P(H)$、$e(H)$ 分别为 H 高度上的气温、气压和水汽压。

C_0 可用电磁波的初始入射角 $\varphi(H_0)$，初始位置的海拔高度 H_0 和所在高度的 $n(H_0)$ 求出，即

$$C_0 = (r + H_0)n(H_0)\cos\varphi(H_0) \tag{6.7}$$

则在波束传播过程中，各点的仰角为

$$\cos\varphi(H) = \frac{C_0}{(r+H)n(H)} \tag{6.8}$$

当 $\dfrac{C_0}{(r+H)n(H)} \geqslant 1$ 时，上式无意义，波束将产生全反射，发生大气波导传播现象。

（1）进入大气波导层前

石家庄新一代天气雷达的天线海拔高度为 135 m，地面海拔高度为 75 m，如果以邢台探空站海拔 174 m 以下的气压、温度、露点温度数据来近似雷达站天线所在高度的数值，雷达初始天线仰角按照 0.5°，地球半径 $r = 6.371 \times 10^6$ m，则

$$n(H_0) = 1.00031927$$

$$C_0 = (6371000 + 135) \times 1.00031927 \times \cos0.5° \approx 6372926$$

大气波导层的底部所在高度为 270 m，根据探空资料，由（6.6）式可求得

$$n(H) = 1.0003121$$

由（6.8）式可以计算出电磁波在大气波导层底部雷达的入射角为

$$\cos\varphi(H) = \frac{C_0}{(r+H)n(H)} = \frac{6372926}{(6371000 + 270) \times 1.0003121} \approx 0.999948$$

$$\varphi \approx 0.585°$$

可以算出，当初始入射角 $\leqslant 0.5°$ 时，总是保持 $C_0 \leqslant (r+H)n(H)$，即 $\cos\varphi(H) \leqslant 1$，因此，电磁波在进入大气波导层前不会出现全反射。

（2）大气波导层内

石家庄新一代天气雷达的天线垂直波束宽度为 0.91°，因此波束轴线与底边半功率点的夹角为 0.455°，如果雷达电磁波在大气波导层底部的入射角为 $\varphi = 0.585°$，则雷达电磁波束底边的入射角约为 0.13°，同样，如果以波束底边的入射角、大气波导底层高度和大气折射率来计算 $n(H_0)$ 和 C_0，则

$$n(H_0) = 1.0003121$$

$$C_0 = (6371000 + 270) \times 1.0003121 \times \cos0.13° \approx 6373242$$

大气波导层的顶部所在高度为 362 m，根据探空资料，由（6.6）式可求得

$$n(H) = 1.00029487$$

由（6.8）式可以计算出电磁波到达大气波导层顶部雷达的入射角为

$$\cos\varphi(H) = \frac{C_0}{(r+H)n(H)} = \frac{6373242}{(6371000 + 362) \times 1.00029487} > 1$$

此时，上式无意义，满足全反射发生条件。可以算出，对于在大气波导底部初始入射角 $\leqslant$ 0.13° 的电磁波，在波导层顶部始终为 $C_0 \geqslant (r+H)n(H)$，即 $\cos\varphi(H) \geqslant 1$，这说明，在大气波导层内，如果电磁波传播的初始入射角 $\leqslant 0.13°$，电磁波在波导层内会产生全反射。

6.2.3.2 计算各层的电磁波传播距离

（1）在进入大气波导层之前波束传播距离

在球面分层大气的每层中，假设波束直线传播。由探空资料，大气波导层的底部所在高度为 270 m，根据天线仰角、高度和大气波导层底部高度，可以计算出电磁波在进入大气波导层之前的传播距离 R_1。

$$R_1 = \frac{135}{\sin 0.5°} \approx 15469 \text{ m}$$

从图 6.12a 可以看出，石家庄雷达站以方位 30°～210°为分界线，东南侧为平原，西北侧为山区。由于在 0.5°仰角受到西部山区遮挡，电磁波不能继续向前传播，在回波图 6.12b 上，以山脉走向为分界，超折射回波主要分布在东部平原。

（2）在大气波导层中电磁波传播距离

根据前面计算，在大气波导层底部，雷达电磁波束底边的入射角约为 0.13°，产生了全反射，由此可以计算出电磁波在波导层的自底部至顶部传播距离 R_2' 为

$$R_2' = \frac{92}{\sin 0.13°} \approx 40546 \text{ m}$$

然后，电磁波反射回大气波导底层，则在大气波导层内的传播距离为

$$R_2 = 2 \times R_2' \approx 81092 \text{ m}$$

在大气波导层传播距离约为 81 km。

（3）穿出大气波导层底到达地面时的电磁波传播距离

根据文献，高架雷达电磁波俯视探测时，对高度为 H 目标物的雷达最大探测距离（张培昌 等，2001）为

$$R = \sqrt{2R_m'}(\sqrt{H} + \sqrt{h}) \tag{6.9}$$

$$R_m' = \frac{R_m}{1 + R_m \frac{dn}{dh}} \tag{6.10}$$

式中，H、h 分别为目标物和天线架高的海拔高度；R_m' 和 R_m 分别为等效地球半径和真实地球半径。对于标准大气

$$R = 4.15(\sqrt{H} + \sqrt{h}) \tag{6.11}$$

当到达地面，即目标物高度 $H = 0$ 时

$$R = 4.15\sqrt{h} \tag{6.12}$$

式中，H、h 以 m 为单位；R 以 km 为单位。从前面对北京、张家口和济南探空站的资料分析可知，在距离雷达站较远的地区上空不存在大气波导层。因此，可以用上述公式来计算电磁波移出大气波导层到达地面的传播距离。如果平原地区的平均海拔高度按 50 m 计算，大气波导层底部的海拔高度为 270 m，则此时电磁波到达地面时的传播距离 R_3 为

$$R_3 = 4.15 \times (\sqrt{270 - 50}) \approx 61.554 \text{ km}$$

由大气波导层底到达地面时电磁波传播距离约为 62 km。

当电磁波以较小的负仰角穿过大气波导层向地面传播时，由于大气折射率分布不均匀以及华北平原的地形情况，大致可以出现以下三种情况：电磁波到达地面后继续传播，并且探测到平原远处的山脉；电磁波到达地面后返回，形成超折射回波；电磁波由于向下弯曲的曲

率较小，没有到达地面，电磁波向前传播，直到探测到更远处的山脉。

因此，电磁波波束在进入大气波导层之前、在波导层中及自大气波导层底到达地面三段所对应的沿地面传播的距离分别约为 15 km、81 km 和 62 km，三者之和为 158 km，即电磁波传播的总距离 R 为

$$R = R_1 + R_2 + R_3 \approx 158 \text{ km}$$

这与图 6.12b 中 160 km 左右开始出现较强回波是相吻合的。东北部 300 km 左右再次出现了较强的地物回波，这说明，电磁波接近地面后继续向东北方向传播，遇到了山脉或到达地面。

从上面对 2005 年 11 月 21 日 08 时的探空资料和雷达回波的分析可以看出，由于雷达站附近在 270～362 m 出现了 $dM/dh < 0$ 的情况，形成大气波导层。电磁波在 270 m 以下是正常传播的。由于超折射的发生，电磁波受大气折射指数变化率影响，形成大气层波导传播，使原来雷达探测不到的地物在雷达荧光屏上显示出来，增加了雷达对地物探测的极限距离，对回波测高和测距误差相应增大，特别是对测高误差影响较大，例如，本例中石家庄雷达站天线的海拔高度是 134.8 m，如果雷达的发射仰角为 0.5°，在 150 km 的地物回波根据雷达测高公式计算的视在目标高度为 2.77 km 左右，造成测高误差加大。此外，新一代天气雷达在速度测量时采用高重复频率，最大测距范围减小，这也是在速度产品上超折射回波常出现紫色距离模糊的原因。

6.2.4　华北平原大雾天气与超折射回波的气象条件分析

文献（毛冬艳 等，2006；康志明 等，2005；董剑希 等，2006）指出，华北平原形成大雾的主要原因是大气层结稳定、水汽充沛、逆温层的高度和强度等，深厚逆温层的维持对雾层长时间维持起着决定性作用。当近地面水平风很弱，相对湿度为 80%～90%，温度露点差在 2～4 ℃，饱和湿空气气层处于稳定或者弱不稳定状态，以及近地面气温在 3～9 ℃ 时，华北平原雾的发生频率较高。

从前面对超折射回波的气象条件和探空资料的分析可以看出，在雾的顶部，温度场出现较强逆温层、相对湿度递减梯度加大，即 $\partial T/\partial h > 0$，$\partial e/\partial h < 0$，当达到 $dM/dh < 0$ 时，就有可能出现大气波导层，此时雾顶的高度便是大气波导层的底高。如果雷达电磁波以较低的入射角进入大气波导层，就可发生全反射，形成超折射回波。因此，边界层内逆温层的存在和充沛的水汽既是形成华北平原大雾天气的重要条件，也有利于超折射回波的产生。

表 6.4 列出了 2004—2007 年华北平原 10 次大雾天气过程中超折射回波出现时间，可以看出每次大雾天气过程均有超折射回波出现。超折射回波还具有明显的日变化，10 次大雾天气过程超折射回波多出现在夜晚和上午，而在午后则出现较少。此外，从强度变化来看，超折射回波一般傍晚以后开始强度增强，夜间和清晨强度达到最强。

表 6.4　2004—2007 年华北平原 10 次大雾天气过程中超折射回波出现时间

大雾天气过程	超折射回波出现时间
2004 年 11 月 29 日—12 月 4 日	12 月 3 日 19:30—4 日 08:00
2004 年 12 月 12—19 日	12 月 11 日 21:00—12 日 09:00；12 月 14 日 01:00—10:00
2004 年 12 月 24—28 日	12 月 27 日 07:00—08:00

大雾天气过程	超折射回波出现时间
2005 年 11 月 17—21 日	11 月 20 日 22：00—21 日 13：00
2006 年 1 月 1—3 日	1 月 1 日 10：00—2 日 23：00；1 月 3 日 02：30—06：30
2006 年 1 月 13—15 日	1 月 15 日 07：30—13：00
2006 年 12 月 30 日—2007 年 1 月 5 日	1 月 2 日 01：30—4 日 17：00
2007 年 10 月 24—27 日	10 月 25 日 08：00—21：30；10 月 26 日 19：00—27 日 02：00
2007 年 11 月 6—12 日	11 月 9 日 17：00—10 日 11：00
2007 年 12 月 18—28 日	12 月 19 日 01：00—20 日 06：00；12 月 20 日 16：00—22：00 12 月 22 日 22：00—23 日 12：00

由于目前每天仅有 08：00 和 20：00 两次探空资料，因此对雾的观测和分析受到很大限制。CINRAD/SA 型多普勒天气雷达每 6 min 进行一次体积扫描，探测资料的连续性很强，24 h 连续运行，能够提供回波强度、径向速度等参数的空间分布。多普勒天气的超折射回波能够反映出边界层内温度、湿度等气象要素的垂直分布情况，超折射回波的存在表明逆温层的存在和低层水汽含量较高，大气层结稳定。从华北平原 10 次大雾天气过程中多普勒天气雷达超折射回波出现的时间分布来看，超折射回波主要出现在大雾天气的维持和发展阶段。

6.3
京津冀大雾客观预报方法

随着雾害的日益突出，大雾客观预报方法的研究应用也逐渐增多，归纳起来主要有 3 种。

（1）基于多元回归和逐步回归的 PP 或 MOS 方法

如蒋大凯等（2007）分析了辽宁近 10 年大雾的时空分布特征，用 PP 方法建立区域大雾的客观预报方法。陈晓红等（2005）通过分析安徽省多年大雾的天气气候特征及相应天气学条件，应用 T106 资料挑选相关因子，用 MOS 方法制作了分县大雾预报业务系统。赵玉广等（2004）还用 PP 方法，建立了河北冬半年雾的区域预报方程，制作了 24 h 和 48 h 河北省雾的区域预报和分县预报。

（2）BP 神经网络方法

李法然等（2005）研究了湖州市大雾天气成因，应用 BP 神经网络建立了大雾预报模型，选取的预报因子、预报指标可以较完整地描述形成大雾的整个背景场，包含的信息量大，业务应用效果明显。刘德等（2005）采用客观分析方法将相关资料处理成二维网格资料，再运用车贝雪夫正交多项式实现二维网格图形的数学定量描述，最后建立重庆雾的 BP 神经网络方法预测模型，重庆雾的预报试验结果表明，这种方法预报效果较好。马学款等（2007）分析了重庆市区雾的特点、天气特征及温、湿等气象要素垂直分布特征，利用重庆站的观测资料选取适当的诊断因子，采用动态学习率 BP 算法的人工神经网络对重庆市区能见度进行了拟合和预报检验，结果表明，神经网络模型具有较强的自适应学习和非线性映射能力。

（3）基于 SVM（支持向量机）的预报方法

江敦双等（2008）使用青岛市气象台近 30 年的气象观测资料，用逐步回归方法对平流海雾的预报因子进行了筛选，在此基础上利用 SVM 的分类方法对青岛雾季发生的平流冷却海雾的预测进行了研究，预测结果表明 SVM 方法对青岛雾季发生的平流冷却海雾有着较好的业务预报效果。

雾是发生在近地层内的天气现象，是在一定的冷却条件、水汽条件、风力条件和层结条件下产生的（朱乾根，1992），即在有利于成雾的天气背景下，当一些高空、地面要素达到一定指标后发生。本书在统计了京津冀大雾发生的气象条件后，引入逐步消空和指标叠套法，尝试制作京津冀大雾客观分县预报。

6.3.1　指标叠套法制作雾的分县预报设计思路

指标叠套法多用于冰雹等强对流天气预报。大雾发生在近地层，高度一般在几十米到几百米，不管何种性质的雾，近地层应具备以下 3 个条件。

（1）逆温条件：一般出现在层结稳定大气中，往往逆温越强，雾的范围和浓度越强。

（2）湿度条件：统计表明，京津冀大雾湿层（温度露点差≤1.5 ℃）往往在 925 hPa 以下，大部分发生在 1000 hPa 以下。

（3）风力条件：京津冀秋冬季大雾以平流辐射雾、辐射雾、平流雾为主，近地层 925 hPa 风速一般≤6 m/s。

当近地层具备上述 3 个条件后，大雾能否出现则和地面气象要素如温度、湿度、风速、露点温度等密切相关，当这些要素达到一定的数值后，大雾将发生。统计表明，绝大多数情况下，大雾发生的前一天，地面形势多为弱气压场或均压场，地面气象要素有明显的变化，如露点温度增加、湿度增大、能见度变差等。众所周知，目前常规探空资料时空密度小（京津冀仅有 3 个探空站），而数值预报的近地层产品可用性相对较差，不能较好地应用于大雾预报。地面观测资料的特点是时间间隔短、空间密度高，且时间序列长，更能反映近地层大气特征，对大雾的发生有更好的指示作用。因此，可以通过统计分析，将河北平原大雾发生的气象条件量化为多个指标（阈值），采用逐步消空和指标叠套法制作大雾分县预报。

6.3.2　京津冀大雾发生的气象条件

将雾日分为 3 种类型：零散雾、小范围雾、大范围雾。某日出现大雾站数≤10 个站规定为零散雾日，11～29 个站规定为小范围雾日，≥30 个站规定为大范围雾日。

高空统计要素包括 500 hPa 以下各层风向、风速以及是否存在逆温。按月份（1—12月）分别计算零散、小范围、大范围雾日前一天 08 时、20 时和雾日当天 08 时 5 个探空站风向出现的频次，以及风速的平均最大值、平均最小值和平均值。以邢台站代表平原地区，统计了邢台站雾日及前一日是否存在逆温。

地面统计要素包括相对湿度、风速、露点温度、温度露点差、能见度 5 个要素。定义海拔高度＜200 m 为平原站，从河北省 142 个地面观测站中挑选出 118 个平原站，分两种情况统计。

（1）按月份分别统计零散、小范围、大范围雾前一天 14 时和 20 时平原所有站（118 个站，包括出雾站点和无雾站点）5 个地面要素的平均值，依此给出次日平原出现区域性雾（零散、小范围、大范围雾）的阈值。

（2）按月份分别统计零散、小范围、大范围雾前一天 14 时和 20 时所有出雾站点 5 个地面要素的平均值，依此给出次日单站出雾的阈值。图 5.34a，b 分别给出了 1—12 月雾日前一天 14 时平原所有站和出雾站点相对湿度和露点温度的平均值。以 12 月为例，在雾日的前一天 14 时，大范围雾的平原所有站平均相对湿度为 68%、小范围雾为 54%、零散雾为 42%（图 5.34a），而相对应出雾站的平均相对湿度分别为 72%、62%、54%。可见，雾范围越大、强度越强对应前一日 14 时相对湿度的数值越高，露点温度也是如此。而温度露点差、能见度、风速则刚好相反（图 5.34c～e），其数值越低，越有利于次日出雾。从图中还可以看出，一年中的不同月份，雾日前一天 14 时相对湿度所需达到的数值是不同的，夏半年明显高于冬半年。

根据以上的统计结果，同时得到以下消空指标：

① 如果 08 时高空不存在逆温层或等温层，则该日无雾。

② 呼和浩特、太原、张家口、北京、邢台 5 个探空站，08 时 500 hPa 的风向为 320°～360°，风速≥14 m/s 且 850 hPa 风速≥8 m/s 时，当日及次日全省基本无雾。

③ 当 14 时或 20 时平原所有站平均风速＞4 m/s 时，次日一般无雾。

④ 当 14 时或 20 时平原站的相对湿度、露点温度、温度露点差、能见度、风速的平均值均达不到零散雾所要求的数值时，次日无雾。如对于 1 月而言，如果某日 14 时平原所有站平均相对湿度＜50%、平均露点温度＜10 ℃、平均温度露点差＜4.5 ℃、平均能见度＞13 km、平均风速＞2.4 m/s，上述 5 个条件均满足，则次日无雾。

6.3.3 逐步消空和指标叠套法制作雾的分县预报

利用当日 08 时高空观测、14 时地面观测和次日 08 时预报产品，制作次日早晨大雾预报。图 6.13 给出了指标叠套法制作河北省大雾分县预报的流程图。

第一步，当日实况资料消空。应用当日 08 时高空资料和 14 时、20 时地面资料，分别计算出 6.3.2 节中的消空指标②、③、④高空风消空、地面风消空、地面要素指标综合消空，如果其中任意一项满足，则预报次日无雾，流程结束；如果三项均不成立，则进入第二步。

第二步，次日 08 时的数值预报产品消空。这一步主要考虑第一步没有消空而具备成雾条件，其原因可能是当日有快速移动的低值系统或锋面系统过境，本地处于槽前或锋前，第二天恰好转为槽后或锋后，为好天气，不会有雾出现，因此需进一步消空。这里应用次日 08 时 T639 高空风和地面气压场资料、08 时 NCEP 高空温度资料，分别计算三种消空指标：高空风、地面气压场强度、是否存在逆温或等温层。如果上述三项任意一项满足消空指标，则预报次日无雾，流程结束；如果三项均不满足，则进入第三步。

第三步，前两步都没有消空，说明成雾的高空、地面背景场已经具备，次日能否出雾，取决于地面要素。计算当日 14 时、20 时平原 118 个站点的相对湿度、露点温度、温度露点

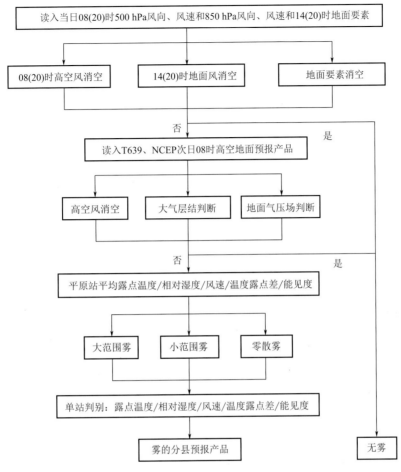

图 6.13　河北省大雾分县预报流程

差、风速、能见度的平均值，与相应月份、相应要素的阈值比较，采用指标叠套法，确定河北平原次日是大范围雾、小范围雾还是零散雾，如果由相应的要素算出次日出现雾的结果不一致，取相对较多的结果。

第四步，用当日 14 时、20 时逐站的相对湿度、风速、露点温度、温度露点差、能见度等 5 个要素值与当月出现出雾站的平均阈值进行比较，如满足则赋值为 1，否则为 0，满足条件的指标越多，说明该站出现雾的可能性越大。例如，第三步中预报次日出现大范围雾，某站 14 时相对湿度和露点温度大于当月出现大范围雾的阈值，14 时风速、温度露点差和能见度小于当月出现大范围雾的阈值，则该站指标为 5。这样就可以得出次日出现大雾的分县预报指标，指标为 0~5，指标越大则次日出雾的可能性越大。业务应用中，当某站指标≥3时，则认为该站次日有雾。

该系统每天运行两次：15 时和 21 时。下午运行使用 14 时地面资料，晚上则使用 20 时地面资料。预报产品保存为 MICAPS 第三类格式，方便业务应用。

6.3.4　预报效果检验

由于目前中国气象局没有专门针对大雾的评分办法，这里参照暴雨 TS 评分标准，给出了 2013—2016 年京津冀大雾客观预报评分（4 年资料、178 站、站点对站点）及 2013—2016 年秋冬季评分（表 6.5）。由表 6.5 可见，2013—2016 年的 TS、漏报率、空报率分别为 12.3%、51.5%、85.8%，可见大雾预报的准确率比较低，而漏报率和空报率较高，这是可以理解的。因为在一年当中，雾发生的概率尤其是大范围浓雾的概率比较低。但从 2013—2016 年秋冬季的评分来看，TS、漏报率和空报率分别为 18.1%、46.2% 和 78.5%，比全年的评分高很多，这是因为京津冀大雾主要发生在秋冬季。

另外，由于评分资料时间较长，因此该评分具有一定的代表性和客观性。

表 6.5　2013—2016 年京津冀大雾客观预报评分

年份	TS	漏报率	空报率
2013—2016	12.3	51.5	85.8
2013—2016(秋冬季)	18.1	46.2	78.5

6.3.5　存在问题及改进方法

近几年的业务应用表明，该客观方法运行稳定，对京津冀秋冬季大雾，尤其是秋冬季大范围连续性大雾具有较强的预报能力，但也存在以下问题：（1）对于小范围或突发性大雾预报能力较差。例如，2013 年大雾过程频繁，持续时间长、大范围大雾次数多，其 TS 评分达 41.6%；而 2015 年大雾过程少，并且多为零散或小范围雾，评分结果较低，TS 只有 23.3%，空报率也较高。（2）对降雨（雪）与雾的区分能力差。如当日已出现降水或次日将有降水，这时地面气象要素特征和将要出现大雾的特征比较相似，系统将会预报次日有大雾，导致空报率增大。这一点可以通过增加高空湿度场消空方式来改进。研究表明，大雾湿度场的空间结构是"上干下湿"，而一般秋冬季降水的湿度场则整层都很湿；大雾发生时近地层有明显的逆温，而降水发生时一般不存在逆温（马学款 等，2007；李江波 等，2010）。

6.4
本章小结

本章对华北平原一次比较典型的辐射雾进行了数值模拟研究和诊断分析，并应用多普勒天气雷达，对这次大雾导致的超折射回波的射线进行追踪分析，最后介绍了一种大雾客观预报方法，主要结论如下：

（1）中尺度模式较好地模拟了 2005 年 11 月 19—21 日华北平原的一次大雾天气过程。模拟雾在范围、强度、生消时间等方面基本反映了实际大雾的生消变化规律。本次大雾为发生在相对稳定的大气环流背景下的辐射雾。在大雾发展和维持期间，雾区近地层基本上为弱的水汽辐合区，在大雾减弱和消散期间，雾区为弱的水汽辐散区；地面的长波辐射冷却是最主要的降温因子，而太阳短波辐射使得地面温度升高，湍流输送将热量传给大气，是导致大雾减轻及日变化的主要原因；华北平原 900 hPa 以上为辐散区和负涡度区，整层大气中下沉运动占主导，大范围的下沉辐散运动有利于中低层大气增温，与近地层的辐射降温相配合，加上近地层弱冷平流的作用，有助于逆温形成，而逆温层的维持对雾层长时间维持起着重要作用。

（2）华北平原大雾天气出现时，有利于大气波导的形成，出现超折射回波。超折射回波一般出现在大雾天气的维持和发展阶段，对多普勒天气雷达超折射回波进行深入研究，能够补充探空资料的不足，为华北平原大雾天气的监测、预报提供新的技术手段和科学依据。

（3）应用实况资料和数值预报产品，采用逐步消空和指标叠套法制作了京津冀大雾客观分县预报。业务应用表明，该方法对京津冀秋冬季大雾，尤其是大范围连续性大雾具有较强的预报能力，但该方法存在以下问题：一是对于小范围或突发性大雾预报能力较差；二是对降雨（雪）与雾的区分能力差，易造成空报，需进一步改进。

第7章 京津冀霾和污染物统计特征

7.1 霾概述

空气中的灰尘、硫酸、硝酸、有机碳氢化合物等粒子能使大气混浊、视野模糊并导致能见度恶化，如果水平能见度小于 10 km，则将这种非水成物组成的气溶胶系统造成的视程障碍现象称为霾或灰霾。霾一般呈乳白色。组成霾的粒子极小，不能用肉眼分辨，霾粒子的来源有自然来源，如微小尘粒、海盐粒子等，也有人类活动排放的污染物，包括直接排放的气溶胶和气态污染物通过光化学反应转化成的细粒子气溶胶。

在《地面气象观测规范》（中国气象局，2003）中，灰霾天气定义为："大量极细微的干尘粒等均匀地浮游在空中，使水平能见度小于 10 km 的空气普遍混浊现象，使远处光亮物微带黄、红色，使黑暗物微带蓝色。"霾可在一天的任何时间出现。

7.1.1 霾的成因

霾作为一种天气现象，其形成有三个方面的因素。

一是水平方向静风现象增多。随着城市建设的迅速发展，建筑物越建越高，无疑增大了地表的摩擦系数，使风在流经城区时有明显减弱，静风出现的频次越来越多，不利于大气污染物向城区外围稀释扩展，使得城区内污染物的浓度积累升高。

二是垂直方向有逆温现象。地球表面吸收太阳短波辐射，同时向外放出长波辐射。大气对太阳短波辐射吸收很少，其温度的升高主要是因为吸收了地表放出的长波辐射，离地面越近，吸收的越多，离地面越远，吸收的越少，因此大气中气温随高度增加是下降的，此时污染物容易从气温高的低空向气温低的高空扩散，逐渐循环排放到大气中。逆温层指气温随着高度的增加而升高，低空的气温反而更低，好比一个锅盖覆盖在城市上空，导致城市上空的污染物停留，不能及时排放出去，而逆温层在北方冬季经常出现。

三是悬浮颗粒物增加。近年来，随着工业发展以及机动车辆增多，污染物排放和城市悬浮物大量增加，直接导致能见度降低，使整个城市看起来灰蒙蒙一片。城市中机动车尾气以及其他烟尘排放源排出粒径在微米级的细小颗粒物，停留在大气中，当逆温、静风等不利于扩散的天气出现时，就易形成霾。

近年来，我国重污染天气频繁出现，京津冀地区霾天气尤为突出。2013 年以来，京津冀多次出现大范围持续性雾/霾天气，导致空气质量持续下降。以北京为例，2013 年 1 月

31 d中有27 d出现了雾/霾。当月全国重点城市空气质量24 h均值显示，石家庄的可吸入颗粒物浓度多日维持严重污染等级，空气质量指数几度"爆表"。环保部自2013年以来每年发布的全国主要城市空气质量报告中，空气质量指数排名前十的城市中河北占据了"半壁江山"。河北秋冬季雾/霾天气频发、空气质量指数居高不下可能有以下4个原因。

一是空气中污染物主要来源于高耗能产业和高污染产业的排放，而这些产业在河北平原分布较多。

二是北方冬季取暖这一生活习惯的存在，尤其是农村大面积燃煤取暖，使秋冬季污染物增加。

三是静稳天气多发。气象状况直接决定扩散条件，冬半年冷空气活动偏弱，近地面逆温层结容易形成，天气持续静稳是导致阴霾天持续的主要气象条件。在这种天气形势下，空气中的污染物在水平和垂直方向上都不容易向外扩散，使得污染物在大气的浅层积聚，从而导致污染的状况越来越严重。

四是可能与河北地形有关。河北省位于华北平原的北部，地势西北高、东南低。地貌复杂多样，高原、山地、丘陵、盆地、平原类型齐全，有坝上高原、燕山和太行山山地、河北平原三大地貌单元。坝上高原属蒙古高原的一部分，地形南高北低，平均海拔1200～1500 m，占河北省总面积的8.5%。燕山和太行山山地，海拔多在2000 m以下，占河北省总面积的48.1%。河北平原是华北平原的一部分，占河北省总面积的43.4%。河北中南部地区处于太行山东麓、燕山南麓的华北平原，来自偏西或偏北方向的天气系统受太行山和燕山形成的弧形山脉的阻挡和削弱，在河北中南部形成天气的"避风港"，不利于污染物的扩散。

7.1.2　霾的影响

近年来，我国主要城市群霾天气呈现发生频率高、影响范围广、持续时间长等特征，它不仅给交通带来了较大影响，而且对人体健康构成了一定威胁。持续性的霾天气严重影响人们的身体健康和心理健康，霾的组成成分非常复杂，其中直径小于2.5 μm的细颗粒物，能直接进入并黏附在人体上下呼吸道和肺叶中，可引起鼻炎、支气管炎等病症，长期处于这种环境还会诱发肺癌。此外，霾天气导致近地层紫外线减弱，易使空气中传染性病菌的活性增强，传染病增多。阴沉的霾天气由于光线较弱，容易让人产生精神懒散、情绪低落及悲观情绪。持续霾天气带来的低温寡照，还会影响农作物的正常生长。大气污染物对太阳光的吸收和散射作用使大气能见度降低，低能见度给陆、海、空交通活动的正常进行带来诸多不便甚至各种危害，它常常是造成交通和飞机起降重大事故的重要原因。2013年1月29日，北京因雾/霾天气能见度大幅降低，首都机场17架次航班取消，京沪、京津、京哈、京开、京港澳高速公路北京段双向全线封闭。

7.1.3　霾和雾的主要区别

雾和霾都是静稳天气形势下产生的视程障碍天气，在实际天气中，霾粒子吸湿使相对湿度接近饱和时，可转化为轻雾或雾；雾可能由于相对湿度的下降或能见度的上升转化为霾或轻雾，因此轻雾、雾和霾三者之间是可以动态转换的。一日当中，由于辐射条件的变化导致雾和霾之间发生多次转换的情况经常出现。

雾和霾的区别也是比较明显的（图 7.1），主要体现在以下 7 个方面。

（1）相对湿度不同。发生霾时相对湿度不大，而雾中的相对湿度是饱和的（如有大量凝结核存在时，相对湿度不一定达到 100% 就可能出现饱和）。

（2）水平能见度不同。平均而言，雾的水平能见度低于霾。

（3）边界特征不同。雾的边界清晰，雾层中能见度起伏明显；霾与雾、云不一样，与晴空区之间没有明显的边界，霾粒子的分布比较均匀，而且霾粒子的尺度比较小，为 0.001～10 μm，平均直径为 1～2 μm，肉眼看不到空中飘浮的颗粒物。因此霾具有一定的区域性，能见度也相对均匀。

（4）垂直高度不同。雾的高度较低，一般为几十米到几百米；而霾的厚度比较厚，可达 1～3 km。

（5）成分不同。雾的主要成分是大气中大量微细的水滴（或冰晶），由空气中的水汽达到饱和在凝结核上凝结形成，粒子肉眼可见；霾是悬浮在大气中的大量微小尘粒、烟粒或盐粒的集合体，粒子极小以至于肉眼难分辨。

（6）颜色不同。雾呈乳白色或青白色；由于霾的主要成分如灰尘、硫酸、硝酸等粒子散射波长较长的光比较多，因而霾看起来呈黄色或橙灰色。

（7）日变化不同。霾可在一天中任何时候出现，静稳天气形势维持时，持续时间较长；雾一般在午夜至清晨最容易出现，日出后会很快消散；雾的日变化特征较霾明显。

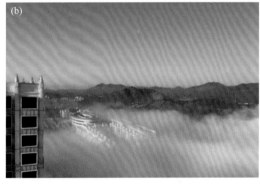

图 7.1　霾（a）与雾（b）的对比图

7.1.4　霾天气的判识

气象资料统计表明，京津冀是霾天气的多发地，当大气凝结核由于各种原因长大时形成霾，随着相对湿度的增加，水汽进一步凝结可能使霾演变成轻雾和雾，一般是早晚为雾，午后转为霾，入夜后又变为雾。由于一日当中雾和霾可相互转换，所以定量地区分雾和霾仍很困难。我国气象台站在长期的气象观测中，对霾天气的重视程度不高，始终未形成统一的判据作为辅助的标准。因此，不同时期、不同地区霾的观测标准不一，甚至同一时期、同一地区不同的观测员对雾和霾的理解也不同，都会带来霾的判识的误差，因此直接使用气象台站地面观测资料中天气现象部分观测的雾和霾并不可靠。

在国内，吴兑（2006）较早开始关注霾天气，他在 2004 年就提出了全国没有统一的判别标准严重阻碍了霾科学问题的研究，并先后整理了不同历史时期 WMO（世界气象组织）、国外气象机构及国内各省（自治区、直辖市）气象局曾经给出过的区分雾和霾的建议，认为各机构都把雾描述为相对湿度通常达到或接近 100%，建议将相对湿度的阈值定为 95%，作为区分轻雾和霾的辅助判据（图 7.2），认为能见度不足 10.0 km，相对湿度为 80%～95% 为湿霾。2010 年，中国气象局发布的气象行业标准《霾的观测和预报等级》规定，霾观测的判识条件为：能见度 $<$10.0 km，排除降水、沙尘暴、扬沙、浮尘、吹雪、雪暴等天气现象造成的视程障碍，相对湿度小于 80%，判识为霾；相对湿度为 80%～95%，按照地面气象观测规范规定的描述或大气成分指标进一步判识。大气成分指标 $PM_{2.5}$ 质量浓度限值为 75 $\mu g/m^3$。

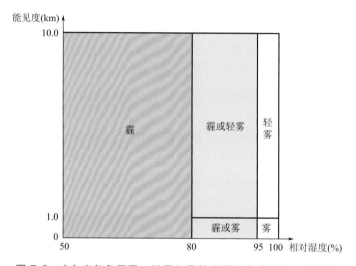

图 7.2 广东省气象局霾、轻雾和雾的观测标准（吴兑，2006）

经统计，河北中南部地区，当能见度不足 10.0 km、相对湿度为 80%～95% 时，绝大多数 $PM_{2.5}$ 限值超过 75 $\mu g/m^3$，主要为霾。因此，本书中规定霾的判识条件为：排除降水、沙尘暴、扬沙、浮尘、吹雪、雪暴等现象对视程的影响，能见度在 10.0 km 及以下，空气相对湿度小于 95%。考虑低能见度的危害更严重，因此，重点研究水平能见度在 5.0 km 以下的霾，将霾按能见度（vis）划分为轻度霾（3.0 km$<vis\leqslant$5.0 km，相对湿度 $RH<$95%）、中度霾（1.0 km$<vis\leqslant$3.0 km，相对湿度 $RH<$95%）、重度霾（$vis\leqslant$1.0 km，相对湿度 $RH<$95%）（表 7.1），同时规定一日中 1/4 以上观测时次出现霾记为一个霾日。在一日 8 次观测中，某个等级的霾持续 6 h 及以上时间时，则将该日确定为这个等级的霾日，并采用霾日等级划分从重原则，即同时满足轻度霾日和中度霾日时，定为中度霾日。

表 7.1 霾等级标准

等级	能见度 vis(km)	相对湿度 RH(%)
轻度	3.0$<vis\leqslant$5.0	$RH<$95
中度	1.0$<vis\leqslant$3.0	$RH<$95
重度	$vis\leqslant$1.0	$RH<$95

7.2
京津冀地区霾的统计特征

7.2.1 京津冀地区霾的空间分布

2000—2014 年京津冀地区年平均霾日空间分布可以看出（图 7.3，图例中的数值色标的边界值下端包含，上端不含，下同），霾日整体呈南多、北少的趋势，张家口北部、承德北部、秦皇岛北部山区和沿海年均霾日均不超过 10 d，为京津冀地区最少。霾天气主要出现在北京、天津和保定、石家庄、邢台、邯郸地区，年平均霾日超过 40 d。年平均霾日达 80 d 以上的地区位于北京平原、京津交界地带、天津东部沿海以及太行山前。太行山东侧的保定中部和石家庄、邢台、邯郸等地的西部年平均值最高，唐县（124 d）、井陉（159 d）、赞皇（172 d）、柏乡（205 d）和永年（180 d）等地超过 120 d，即平均每年有 1/3～1/2 的时间会出现霾天气。由此可见，京津冀地区霾日的空间分布具有较明显的地域性。对比地形等高线发现，霾日的空间分布与地形相关程度不及雾高。

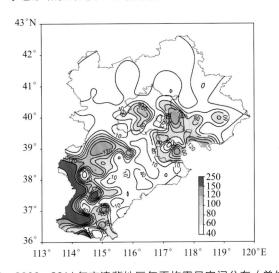

图 7.3 2000—2014 年京津冀地区年平均霾日空间分布（单位：d）

按照 7.1 节标准，根据能见度将霾划分为轻度、中度和重度 3 个等级。图 7.4 给出了 2000—2014 年京津冀地区不同等级霾天气日数的年平均值分布，其中轻度到中度霾与霾总日数分布相近，说明这两个等级的霾天气占据了大部分比重，绝大多数地区年平均轻度霾日和中度霾日在 30 d 左右，两个等级霾日也大致相当。但是，河北中南部的中度霾日多于轻度霾，尤其是太行山东麓地区该特征最明显，邢台柏乡的中度霾日最多达到 92 d。京津冀地区 92% 的测站出现过重度霾，年均 10 d 以上的区域仍出现在京津唐地区和太行山东麓，其中石家庄井陉最多达到 48 d；张家口、承德北部和秦皇岛的北部及沿海地区均不足 2 d，张家口中部、承德北部等地没有出现过重度霾。

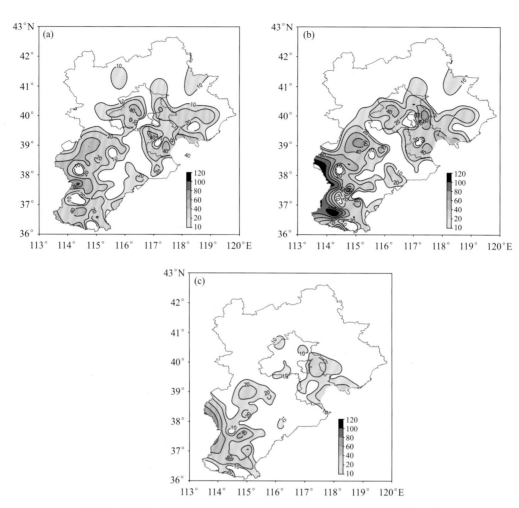

图 7.4　2000—2014 年京津冀地区不同等级霾天气年均日数（单位：d）

（a. 轻度；b. 中度；c. 重度）

7.2.2　京津冀地区霾的时间分布

　　研究表明，当能见度降低至 1.0 km 以下，即达到重度霾时，对航空、高速公路、航运等行业有很大影响。因此，将京津冀范围内出现一站及以上重度霾记为一个重度霾日，它反映了京津冀区域低能见度天气发生的统计概率。从其年分布可以看到（图 7.5 中虚线柱），1—2 月和 7—12 月区域内重度霾发生的可能性较大，2 月以后明显降低，5 月最低。进一步统计区域内各月份重度霾站次的多年平均值（图 7.5 中填色柱），其中 1 月最多，接近 400 站次；此后快速下降，5 月仅 25 站次左右，为全年最小值；6—9 月仍维持在较低水平；从 10 月开始逐渐增加。上述结果表明，京津冀地区供暖季和夏秋季是重度霾多发季节。其中，冬季的低能见度天气范围大，而夏秋季则范围相对较小，说明导致能见度降低的机制可能存在差异。冬季与颗粒物浓度较高有关，而夏秋季则主要受华北雨季湿度整体增加的影响，其范围取决于天气系统附近的湿度分布。

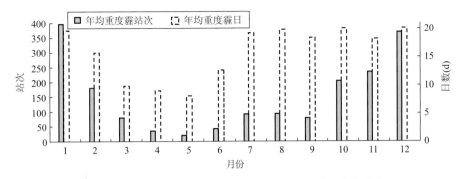

图 7.5　2000—2014 年京津冀地区重度霾日及站次的年分布

　　从 2000—2014 年北京不同程度霾天气月平均日数的逐月分布可以看到（图 7.6），供暖季的霾日明显高于其他季节，其中 10 月和 11 月是一年中霾发生概率最高和次高的月份，1 月和 12 月分别列第三位和第四位。此外，7—9 月的霾日仅次于供暖季，与夏季环境大气高湿有关。春季到夏初，霾天气一般不易发生。进一步分析霾天气的程度及其逐月分布特征（图 7.6），发现北京地区的霾天气以轻度为主，占比达到 77.9%，中度占 17.2%，重度仅占 4.9%。其中，轻度霾月平均日数与上述逐月分布相似；中度霾则主要出现在 10 月至次年 2 月以及盛夏（7—8 月），其他月份概率很小；重度霾绝大多数出现在秋冬季，8 月偶见。上述分析表明，10 月—次年 2 月和 7—8 月是北京地区低能见度天气发生的两个主要时段，在做霾预报时需要重点关注。

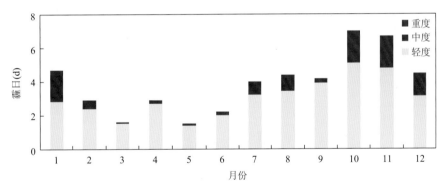

图 7.6　2000—2014 年北京不同程度霾天气月平均日数逐月分布

　　进入 21 世纪以来，天津地区霾日年平均值为 81 d 左右，日数呈现增加—减少—增加的演变特征（图 7.7a）。2001—2006 年呈现上升趋势，从 2007 年开始逐渐减少，并在 2012 年达到最小值。2013 年在不利气象条件影响下，霾日呈现爆发性增加，比 2012 年多 18 d。2014 年日数陡增，与年初空气污染扩散条件持续较差有关，但是受能见度由人工观测变为能见度仪自动观测后数值偏低的影响更大，因此与其他年份进行对比的参考意义较小。不同等级霾，其日数的年际变化趋势与总日数大体一致，而且重度、中度、轻度霾的比例年际差异不大。在天津地区霾日分布为，轻度霾平均 32 d 左右，中度霾平均 41 d，重度霾平均 18 d。

　　天津霾天气月平均日数的逐月分布与北京有明显差别（图 7.7b）。7—8 月和 10 月—次年 1 月是霾天气最易发生的两个时段，盛夏的月平均霾日超过 8 d，年最大值出现在 7 月而不是供暖季，与天津紧邻渤海湾夏季空气湿度大有关。春季到夏初，霾天气一般不易发生。

尽管夏季霾日较多，但是程度轻，月平均轻度霾日居全年之首，重度霾偶有发生。月平均中度霾日为1~5 d，其逐月分布与霾天气总日数非常相近。重度霾在秋冬季占比最大，11月—次年1月日数最多，平均2 d左右。可见，10月—次年2月和7—8月是天津地区低能见度天气发生的两个主要时段，也就是霾预报时需关注的重点。

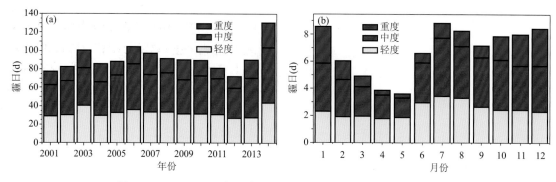

图7.7 2001—2014年天津平均霾日逐年（a）和逐月（b）分布

对河北省各城市来讲，秋冬季是霾天气最易发生的时段（图7.8）。其中，河北中南部的保定、石家庄和邢台等地一年中霾发生概率最高的月份为12月和1月，平均可达到5~7 d，石家庄1月平均出现霾日7 d；其次是11月和10月，平均为3~5 d。5—6月上述城市

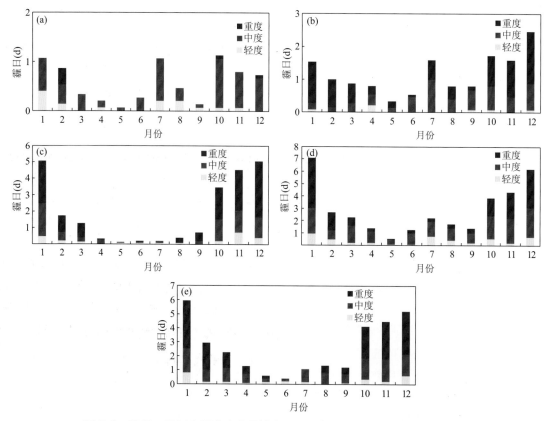

图7.8 2000—2014年河北省主要城市不同强度霾天气月平均日数逐月分布
（a. 张家口；b. 唐山；c. 保定；d. 石家庄；e. 邢台）

霾日一般较少，石家庄和邢台 7—9 月霾天气发生的概率有所升高，与夏季环境大气的高湿特征有关。唐山地处河北省北部偏东地区，月平均霾日在 3 d 以下，季节分布与石家庄相似，只是 7 月霾日偏多的特征非常清晰。张家口与其他城市显著不同，10 月霾日最多，与此地冬季取暖开始较早有关，1 月和 7 月相近，为次峰，但是其日数不足 1.5 d，平均霾日远小于河北中南部地区。

对各等级霾天气逐月分布特征分析表明（图 7.8），张家口各月出现的霾最少，年均日数均在 1.5 d 以下，远小于河北中南部地区，中度霾占比最大，霾天气的多发月份，以中度霾为主，重度霾只出现在供暖季，反映了该地霾天气的发生与化石燃料的燃烧密切相关。保定、石家庄、邢台 10—12 月和 1—2 月以重度霾为主，其中 12 月和 1 月重度霾均占一半以上，轻度霾所占比重最小，其他月份以中度霾为主。唐山地区尽管月平均霾日不多，但是其程度在河北省几个城市中最重，绝大多数霾日的最小能见度低于 3.0 km，秋冬季主要出现重度霾天气。

7.3
河北污染物的统计特征

已有研究表明，人为排放气溶胶的明显增加是霾天气频发的主要原因，城市中机动车尾气以及其他烟尘排放源排出粒径在微米级的细小颗粒物，停留在大气中，叠加逆温、静风等不利于扩散的天气出现时，极易形成霾天气。高耗能产业和高污染产业在河北中南部地区分布较广，加之冬季农村大面积燃煤取暖，使冷季污染物增加。此外，区域内城市连片发展，使城市间大气污染相互影响明显，相邻城市间污染传输影响日益突出。可见，除气象条件外，霾天气与污染物关系最为密切。因此，利用 2013 年 1 月 1 日—2015 年 12 月 31 日河北省环境监测站资料，统计大气污染物的平均特征。所用资料包括逐时和日均值，观测的要素为 PM_{10}、$PM_{2.5}$、O_3、SO_2、NO_2 和 CO 等 6 种主要污染物，站点覆盖河北省全部县市。

7.3.1　污染物的空间分布

从不同季节空气质量指数（AQI）的空间分布来看（图 7.9），春季和夏季，河北北部的张家口、承德和沿海的秦皇岛空气质量平均为良，个别地点可达优。其他地区平均为轻度污染，个别地点为中度污染。相比而言，秋季是一年中空气质量最好的季节，全省大部分地区平均以良为主，北部更多站点出现了优，只在河北东南部地区平均为轻度污染，轻度污染的范围在一年四季中最小；冬季为一年中空气质量最差的季节，北部的张家口、承德和沿海的秦皇岛平均以轻度污染为主，平均为良的站次减少，其他大部分地区平均为中度以上污染等级，保定、石家庄、邢台西部、邯郸西部为重度污染，与霾天气的高发区域吻合，再次证明了霾天气与空气污染关系密切。

从 $PM_{2.5}$ 浓度平均情况来看（图 7.10），污染程度从轻到重依次为秋季、夏季、春季、冬季。秋季，河北北部和东北部沿海平均以优为主，局部为良，其他大部分地区平均以良为

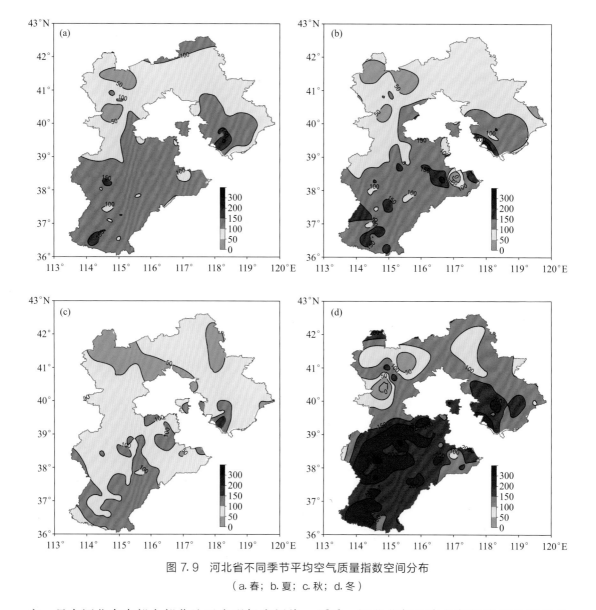

图 7.9　河北省不同季节平均空气质量指数空间分布

（a.春；b.夏；c.秋；d.冬）

主，只在河北东南部小部分地区出现轻度污染；夏季，河北北部和东北部沿海平均以良为主，只有张家口中部偏西地区和承德个别站为优，其他地区以良到轻度污染为主；春季PM$_{2.5}$平均状况与夏季类似，只是河北北部平均为优的站点进一步减少；冬季，河北北部和东北部沿海平均仍以良为主，优的站点较春季进一步减少，其他地区PM$_{2.5}$浓度平均为中度以上污染，其中廊坊南部、保定、石家庄、邢台西部和邯郸西部平均可达重度污染，这与冬季AQI的平均状况相符。

从PM$_{10}$浓度平均情况来看（图 7.11），污染程度从轻到重依次为秋季、夏季、春季、冬季。秋季，河北北部和东北部沿海平均以优为主，局部为良，其他大部分地区以良为主；夏季，全省PM$_{10}$浓度平均以良为主，优的站点只在河北北部零星出现，同时河北中南部开始出现中度污染；春季，全省大部分地区平均以良为主，与PM$_{2.5}$明显不同的是张家口和承德个别为优的站点消失，中南部地区轻度污染明显增多；冬季，河北北部和东北部沿海平均

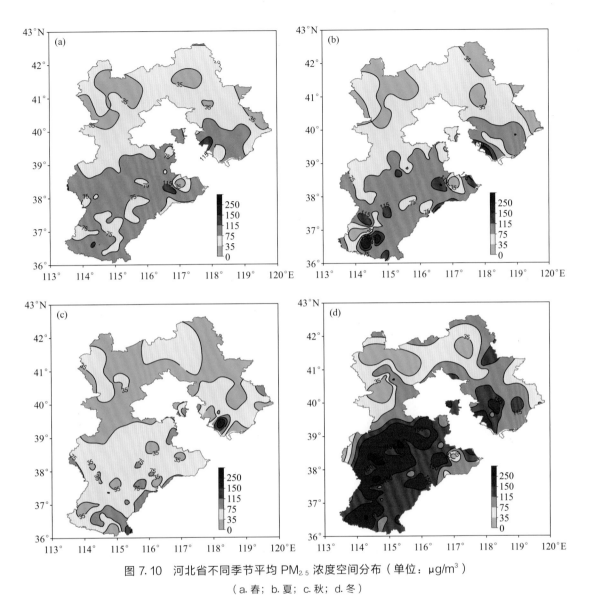

图 7.10　河北省不同季节平均 $PM_{2.5}$ 浓度空间分布（单位：$\mu g/m^3$）

（a. 春；b. 夏；c. 秋；d. 冬）

以良为主，其他地区 PM_{10} 浓度平均为轻度以上污染，其中廊坊南部、保定、石家庄、邢台西部和邯郸西部平均为中度污染，比 $PM_{2.5}$ 浓度污染程度略低、范围略小。

对比 AQI 空间分布可以发现，春季，河北北部空气质量指数平均为良，而此处 $PM_{2.5}$ 平均质量浓度为优等级，因此，春季河北北部的空气质量指数主要由 PM_{10} 决定；冬季，河北中南部以重度污染为主，与 $PM_{2.5}$ 浓度的空间分布特征一致，此时首要污染物应以 $PM_{2.5}$ 为主。

小时浓度极值方面（图略），冬季，除张家口中部、沧州东部外，河北大部分地区 $PM_{2.5}$ 浓度最高值均高于 $500\ \mu g/m^3$，远超严重污染级别，最大接近 $2000\ \mu g/m^3$。春季，PM_{10} 最大值主要出现在张家口地区，普遍超 $2000\ \mu g/m^3$ 以上，尤其是张家口、承德地区存在 PM_{10} 显著的高极值区，最高近 $3000\ \mu g/m^3$，这主要与此地春季冷空气带来的大风、沙尘有关。以上统计特征可为河北省静稳天气和沙尘天气背景下污染物浓度的预报提供参考和依据。

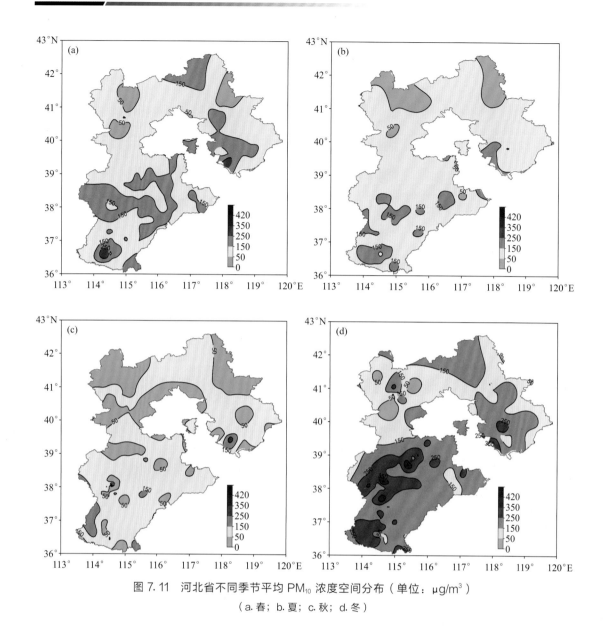

图 7.11 河北省不同季节平均 PM$_{10}$ 浓度空间分布（单位：μg/m^3）

（a.春；b.夏；c.秋；d.冬）

7.3.2 污染物逐月演变特征

通过污染物的空间分析发现，河北省空气质量大致呈现出从北向南污染逐渐加重的特征，选取张家口、秦皇岛、廊坊和石家庄 4 个城市，张家口代表污染程度最轻的北部，但春季大风、沙尘天气最多；秦皇岛代表沿海地区；廊坊和石家庄分别代表污染程度逐渐加重的中部和南部地区。下面分析其空气质量指数及主要污染物浓度的逐月变化特征。

从月平均空气质量指数（AQI）的演变来看（图 7.12），石家庄除了 9 月平均值低于廊坊之外，其他月份均为 4 个城市中最高的，1 月达一年中最高值，AQI 平均值为 302，达到了严重污染等级，4—7 月平均为轻度污染，8—9 月平均为良，1—9 月呈单调下降趋势，9 月降至一年中最低，10 月起至次年 1 月污染逐渐加重；廊坊除 9 月外，其他月份均为 4 个站中的次高，1 月最高，平均为重度污染，5—9 月平均都为良，10 月以后 AQI 值缓慢上升；秦皇岛 AQI 演变趋势与石家庄、廊坊一致，1 月最高，平均为轻度污染，9 月最低，平均为优，这在 4 个城市中为单月平均空气质量最好。1—9 月递减，9 月以后逐月上升，12 月到次年 3 月平均为轻度污染，其他月份均在良以下；张家口是 4 个城市中污染最轻的，月平均 AQI 最高出现在 2 月，这与其他城市不同，一年中仅 2 月平均达到了轻度污染，其他均为良，8 月最低，但全年单月平均没有空气质量为优的月份。

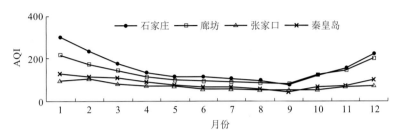

图 7.12　张家口、秦皇岛、廊坊和石家庄月平均空气质量指数的逐月演变

　　对 4 个城市月平均的 $PM_{2.5}$ 和 PM_{10} 浓度进行分析（图 7.13、图 7.14），石家庄 $PM_{2.5}$ 浓度在 1—5 月显著下降，6 月略有上升但上升幅度不大，可能与降水增多导致的湿度增大有关，9 月随着雨季结束 $PM_{2.5}$ 和 PM_{10} 浓度均降至一年最低；廊坊两种污染物浓度的演变与 AQI 基本一致。张家口 3—11 月平均 $PM_{2.5}$ 浓度均低于 35 $\mu g/m^3$，空气质量分指数达到优的标准，而 PM_{10} 浓度均在 50 $\mu g/m^3$ 以上，空气质量分指数为良，可见 4—7 月张家口以 PM_{10} 为首要污染物；秦皇岛 $PM_{2.5}$ 浓度最大值出现在 2 月，PM_{10} 浓度最大值出现在 1 月，3 月为次高值，都和 AQI 不同，说明秦皇岛 1—3 月首要污染物既有 PM_{10} 又有 $PM_{2.5}$。

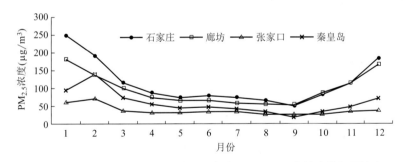

图 7.13　张家口、秦皇岛、廊坊和石家庄 $PM_{2.5}$ 月平均浓度的逐月演变

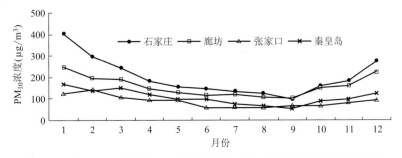

图 7.14　张家口、秦皇岛、廊坊和石家庄 PM_{10} 月平均浓度的逐月演变

7.3.3 污染物日变化特征

同样选取张家口、秦皇岛、廊坊和石家庄 4 个城市为代表站，分析污染物的日变化特征。从不同季节石家庄空气质量指数的日变化特征来看（图 7.15a），冬季呈双峰分布，最高峰值出现在 00 时，之后呈下降趋势，07 时降至谷值，之后缓慢上升，在 10 时前后出现新的峰值，15 时降至最低谷。07 时前后的低谷可能与湿度的增加导致雾和霾的转换有关，实践表明，当日出前后湿度接近饱和，霾转化成雾时，AQI 会有小幅下降。春季与冬季显著不同，呈单峰型分布，峰值出现在 09 时，之后呈缓慢下降趋势，17 时降至最低值，之后有所上升，夜间大部分时段仍处于较低水平，凌晨以后上升明显；夏季各时刻的平均 AQI 均较低，日变化幅度较小，峰值出现在 08—09 时，谷值出现的时间推迟到 18—19 时，为四季中最晚的；秋季的变化特征与冬季有所类似，峰值出现在后半夜到凌晨，谷值出现在 14 时，其中 01 时短时间内出现了 AQI 的波动，但整体日变化幅度较小。

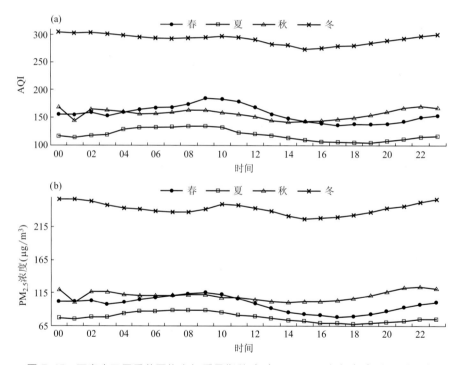

图 7.15 石家庄不同季节平均空气质量指数（a）和 $PM_{2.5}$ 浓度（b）的逐时演变

从石家庄不同季节 $PM_{2.5}$ 浓度的日变化特征来看（图 7.15b），冬季双峰分布的特征较 AQI 更明显，两个峰值分别出现在 00 时和 10 时，谷值分别出现在 08 时和 15 时，其中 08 时谷值与湿度的日变化有关，10 时的峰值可能与生产生活等人类活动有关，15 时的谷值出现原因是：随着气温的升高，混合层高度增加，污染物因被"稀释"而浓度降低；春季为典型的单峰分布，峰值和谷值分别出现在 09 时和 17 时，主要与气象条件的日变化有关；夏季日变化特征与春季一致，平均峰值出现在 08 时，较春季提前 1 h，谷值出现在 18 时，较春季滞后 1 h；秋季整体变化幅度最小，已经向冬季的日变化趋势过渡，峰值出现在前半夜，01 时前后 $PM_{2.5}$ 浓度有短时波动。石家庄不同季节 PM_{10} 有类似的演变趋势，这里不再赘述。

张家口一年四季中 AQI 的日变化均呈双峰分布（图 7.16a），峰值出现在 11—12 时和 20—22 时，谷值出现在 05 时和 15 时，不同季节峰值和谷值出现的时间前后相差 1～2 h，冬季波动幅度最大，夏季最小。$PM_{2.5}$ 浓度的演变与 AQI 基本类似（图 7.16b），整体处于较低水平，除冬季外，上午的峰值不明显，主要峰值出现在夜间，夏季峰值出现在凌晨，这与其他季节不同，但整体浓度值均较低。

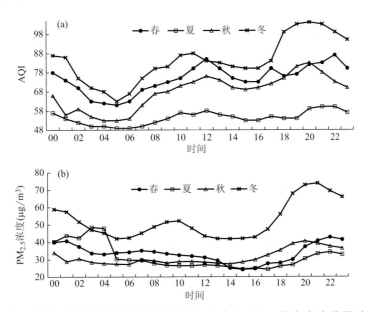

图 7.16 张家口不同季节平均空气质量指数（a）和 $PM_{2.5}$ 浓度（b）的逐时演变

秦皇岛 AQI 指数冬季为典型的双峰分布（图 7.17a），峰值出现在 09 时和 00 时，谷值出现在 05 时和 13 时，其他季节夜间的峰值减弱，呈现出单峰特征，峰值出现在 08 时，谷值出现在 14 时前后。夏季，$PM_{2.5}$ 浓度的日变化特征最不明显（图 7.17b）；冬季，PM_{10} 峰

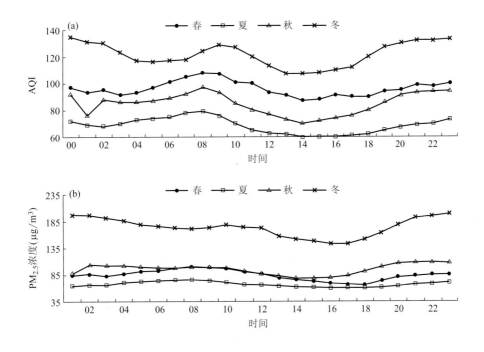

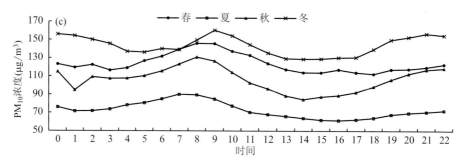

图 7.17　秦皇岛不同季节平均空气质量指数（a）、 PM$_{2.5}$（b）和 PM$_{10}$（c）平均浓度的逐时演变

值浓度出现在 09 时（图 7.17c），但整体都不超 160 μg/m^3。其他季节 PM$_{2.5}$ 浓度、PM$_{10}$ 浓度变化与 AQI 分布基本一致。

　　廊坊冬季 AQI 日变化双峰特征明显（图 7.18），峰值出现在 10 时和 23 时，谷值出现在 08 时和 16—17 时；秋季的变化特征与冬季类似，峰值位于 09 时和 20—22 时，谷值位于 01 时和 14 时；春季和夏季以单峰分布为主，峰值和谷值春季出现在 08—09 时和 17—18 时，夏季出现在 08 时和 18 时。PM$_{2.5}$ 与 PM$_{10}$ 浓度日变化与 AQI 一致。

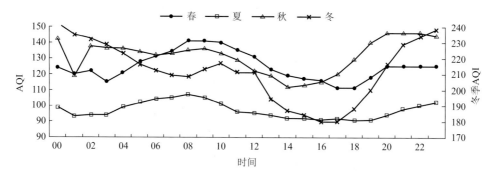

图 7.18　廊坊不同季节平均空气质量指数的逐时演变

7.4

本章小结

　　本章对霾的定义、成因、影响及其与雾的区别和判识标准进行了概述，对京津冀地区霾天气的时空分布及河北污染物特征进行统计分析，主要得到以下结论：

　　（1）冬半年，静稳天气多发、污染物排放及华北地形条件共同决定了河北中南部是霾天气的多发地。雾和霾在相对湿度、水平能见度、垂直厚度、边界特征、成分、颜色、日变化 7 个方面存在明显区别。

　　（2）京津冀地区霾日整体呈南多、北少的分布，在北京、天津和保定、石家庄、邢台、邯郸地区年均值超过 40 d，太行山东侧的保定中部和石家庄、邢台、邯郸等地的西部年均值最高。供暖季和夏秋季是重度霾多发季节。

（3）河北省空气质量大致呈现出从北向南污染逐渐加重的特征。秋季是河北一年中空气质量最好的季节，全省大部分地区平均以良为主，轻度污染的范围在一年四季中最小；冬季为一年中空气质量最差的季节，保定、石家庄、邢台西部、邯郸西部为重度污染，与霾天气的高发区域吻合，首要污染物应以 $PM_{2.5}$ 为主。石家庄和廊坊空气质量指数的日变化在秋冬季呈现双峰分布，春夏季为单峰型；张家口一年四季中 AQI 的日变化均呈双峰分布；秦皇岛冬季为典型的双峰分布，其他季节为单峰型。

第8章　京津冀霾天气特征与预报

上一章分别对京津冀和河北地区污染物的空间分布特征进行了分析。不同强度霾天气时污染物和气象要素的分布特征如何，下面以 2013 年 1 月 1 日—2015 年 12 月 31 日的霾天气过程为例，对主要污染物和气象要素进行合成分析。

8.1
霾天气过程气象要素特征分析

8.1.1　霾天气过程河北污染物的空间分布特征

按照 7.1 节标准，根据能见度将霾划分为轻度、中度和重度 3 个等级。对不同强度霾天气时的空气质量指数（AQI）的空间分布进行合成分析。重度霾时（图 8.1a），河北西北部地区的张家口中北部和承德西部平均为轻度污染，张家口个别地点平均为良；张家口南部、承德中东部和秦皇岛沿海平均为中度污染；其他地区平均为重度以上污染，其中中南部地区除沧州东部、衡水东南部和邯郸东部外的大部地区，平均空气质量指数均在 300 以上，空气质量达到了严重污染，尤其是太行山东侧空气质量指数平均最高可达 400 以上。中度霾时（图 8.1b），张家口中北部、承德中西部和秦皇岛沿海平均为良，个别地点平均为优。河北中南部地区平均为重度污染，未出现严重污染的级别，其他地区在轻到中度污染之间。轻度霾时（图 8.1c），张家口、承德西部平均仍以良为主，个别地点为优，其他地区在轻度以上，重度污染区域的范围明显减小，只出现在太行山东麓的石家庄、邢台和邯郸的西部地区，以及燕山南麓的唐山地区，空气质量指数一般不超 200。以上分析表明，河北霾强度与空气质量指数密切相关，随着霾强度增大，空气质量明显变差，尤其在河北平原地区表现最为明显，重度霾一般会伴随区域性的空气严重污染。

不同强度霾日平均 $PM_{2.5}$ 浓度的空间分布显示：重度霾日（图 8.2a），$PM_{2.5}$ 浓度达严重以上污染的区域与 AQI 基本吻合，需特别注意的是，保定、石家庄和邢台西部 $PM_{2.5}$ 浓度均超过 500 $\mu g/m^3$，表明重度霾日 $PM_{2.5}$ 污染非常严重；中度霾日（图 8.2b），$PM_{2.5}$ 浓度达重度污染的区域与 AQI 高度一致，浓度值平均不超 250 $\mu g/m^3$，较重度霾日明显下降；轻度霾日（图 8.2c），$PM_{2.5}$ 浓度达重度污染的区域主要位于石家庄、邢台西部、邯郸西部和唐山中北部地区，仍与 AQI 分布较为一致，张家口和承德的个别地区平均浓度甚至小于

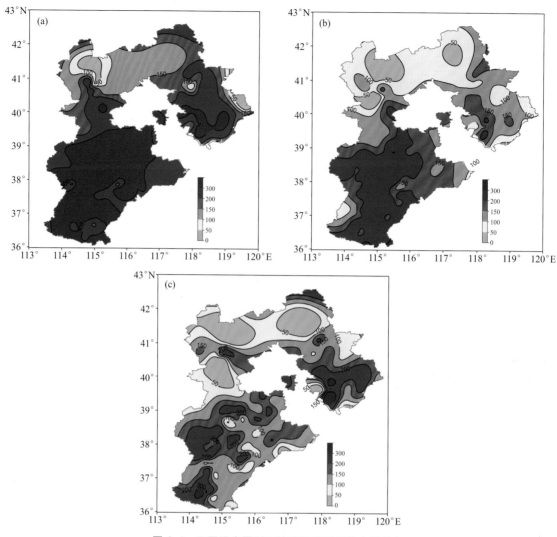

图 8.1 不同强度霾时平均空气质量指数空间分布

（a. 重度；b. 中度；c. 轻度）

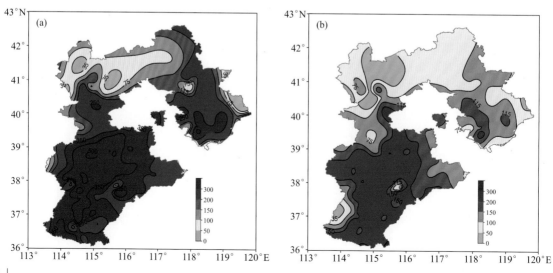

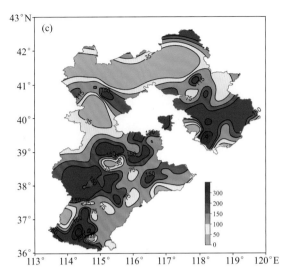

图 8.2 不同强度霾时平均 $PM_{2.5}$ 浓度空间分布（单位：$\mu g/m^3$）

（a. 重度；b. 中度；c. 轻度）

$35~\mu g/m^3$，空气质量为优。可见，不同强度霾日平均 $PM_{2.5}$ 浓度的空间分布都与 AQI 的分布一致，霾日伴随的空气污染首要污染物主要为 $PM_{2.5}$。

不同强度霾日平均 PM_{10} 浓度的空间分布显示：重度霾日（图 8.3a），PM_{10} 浓度达严重以上污染的区域与 AQI 严重污染区域相似，最高浓度也超过了 $500~\mu g/m^3$，但严重污染区域的面积比 AQI 要小；中度霾日（图 8.3b），PM_{10} 的平均浓度较 $PM_{2.5}$ 更低，平均最重为中度污染级别；轻度霾日（图 8.3c），PM_{10} 浓度最高达到了中度污染级别，最高污染基本较轻度霾日 AQI 低一级，出现的范围也仅限石家庄西部、邯郸西部和唐山的局部。可见，虽然重度霾日 PM_{10} 极值最高浓度也超过了 $500~\mu g/m^3$，但严重污染的面积比 AQI 要小，轻到中度霾 PM_{10} 浓度上的污染级别比 AQI 和 $PM_{2.5}$ 都要低一级，再次证明了霾日空气污染的首要污染物以 $PM_{2.5}$ 居多。

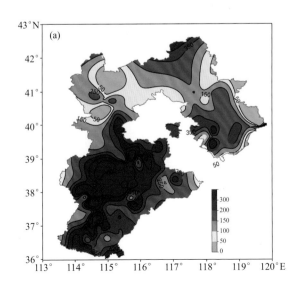
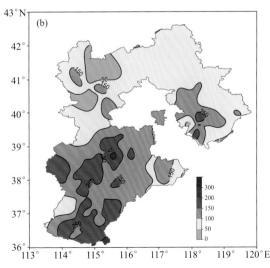

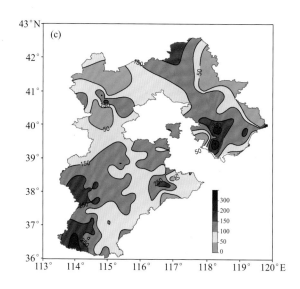

图 8.3　不同强度霾时平均 PM$_{10}$ 浓度空间分布（单位：μg/m³）

（a. 重度；b. 中度；c. 轻度）

8.1.2　霾天气过程京津冀地面气象要素的分布特征

从不同强度霾 08 时地面气象要素的平均状况来看，随着霾强度的增加，河北中南部地区地面水平能见度呈下降趋势（图 8.4），轻度霾时平原大部分地区的平均能见度为 4～5 km，中度霾时平均为 2～3 km，重度霾时大部分地区降至 1 km 左右。河北中南部地区地面温度露点差呈减小趋势（图 8.5），轻度霾时温度露点差平均为 2～3 ℃，西部个别站点高于 4 ℃；中度霾时平均在 2 ℃ 上下，高于 2 ℃ 的站点明显减少；重度霾时平均温度露点差减小至 1 ℃ 左右。平均相对湿度亦随着霾强度的增强而增大（图 8.6），轻度霾时平均相对湿度为 80%～90%，部分站点低于 80%；中度霾仍以 80%～90% 为主，但超过 90% 的站数明显增多；重度霾时河北中南部大部分地区平均相对湿度超 90%，可见地面湿度与霾的强度密切相关。由于霾发生时地面气压场较弱，不同强度霾时地面 10 m 风场风力不大，风速普遍在 2 m/s 以下（图略），风向以地方性风为主，但风向的日变化特征明显。以重度霾为例（图 8.7），08 时河北中南部以北北西风为主，14 时转为偏东风，20 时北风和北北东风占优。

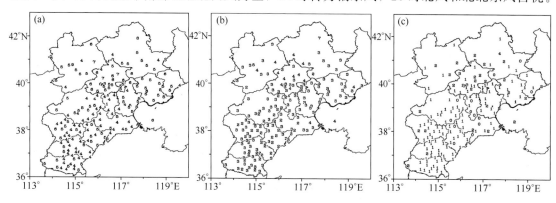

图 8.4　不同强度霾 08 时地面平均能见度（单位：km）

（a. 轻度；b. 中度；c. 重度）

这种风向的变化主要由于河北中南部地区位于太行山的东麓，当海平面气压场较弱时，昼夜交替过程中山地和平原间的气温差造成近地面大气的密度和气压差，气压梯度力推动气流由高压区域向低压区域运动，白天由平原吹向山地，夜间由山地吹向平原，因此重度霾时风场的日变化特征可能与山谷风环流有关。

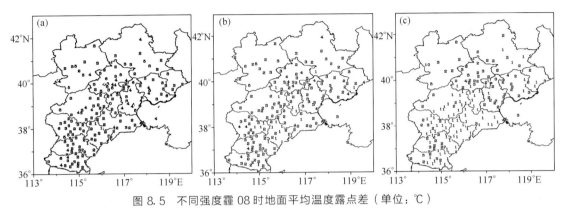

图 8.5　不同强度霾 08 时地面平均温度露点差（单位：℃）

（a.轻度；b.中度；c.重度）

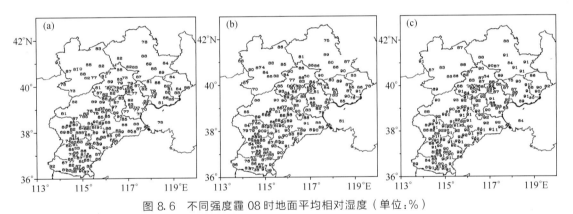

图 8.6　不同强度霾 08 时地面平均相对湿度（单位:%）

（a.轻度；b.中度；c.重度）

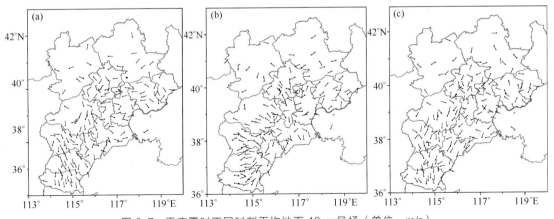

图 8.7　重度霾时不同时刻平均地面 10 m 风场（单位：m/s）

（a.08 时；b.14 时；c.20 时）

挑选河北北部的张家口、东北部的秦皇岛、中部的廊坊、南部的石家庄共 4 个站，对不同强度霾时单站的气象要素进行分析。图 8.8 为海平面气压场的分布特征，轻度霾时，各代表站的高频分布区间（25%～75%分位数）均较分散，在 1007～1034 hPa，中位数平均为1020 hPa，这主要是因为选取的轻度霾在一年四季都可能出现，因此海平面气压场变化幅度大。中度霾发生时，海平面气压的高频区间集中在 1012～1025 hPa，中位数平均为 1019 hPa，4 个代表站中度霾较轻度霾海平面气压值分布更为集中。重度霾时，除秦皇岛外，其他 3 个站海平面气压场的高频区间更为集中，出现在 1019～1031 hPa，中位数平均为 1026 hPa，张家口、廊坊海平面气压值离散程度最小，集中在 6 hPa 之内。除秦皇岛外，其他 3 个站随着霾强度的增加，海平面气压分布更为集中，海平面气压值的升高主要与个例出现的季节有关，中度以上强度的霾主要出现在冬半年，此时河北地区主要受西伯利亚高压控制，海平面气压升高，而轻度霾一年四季均可出现。对比而言，沿海的秦皇岛霾的强度与海平面气压的关系不如其他 3 个站密切。

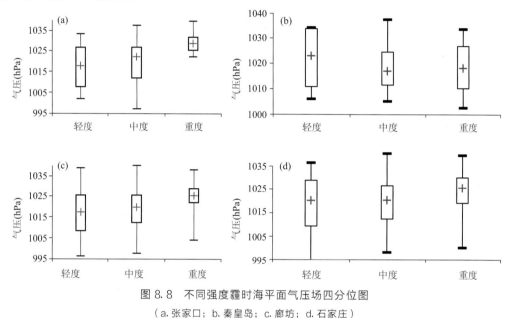

图 8.8　不同强度霾时海平面气压场四分位图
（a. 张家口；b. 秦皇岛；c. 廊坊；d. 石家庄）

不管霾强度如何，也不论在内陆还是沿海，24 h 变压场分布较气压场更为集中（图8.9），变压的极值分布均在-2～2 hPa，高频区间更是集中在-1～1 hPa，说明出现霾时天气形势稳定，地面无明显的冷暖空气活动；秦皇岛的特征更为明显，轻度霾对应正变压，重度霾对应负变压，随着霾强度的增加，负变压增强，地面辐合加强。与之相比，其他站点的此种特征不明显，张家口甚至显示与之相反的变压特征，但整体看中位数均在零值上下波动。因此，就河北而言，不管霾强度如何，地面 24 h 变压的绝对值主要集中在 2 hPa 以内，也就意味着一旦 24 h 变压超过 2 hPa，河北省范围内出现霾天气的可能性在下降；24 h 变压越强，出现霾天气的可能性越小。

相对湿度场上（图 8.10），河北省 4 个代表站相对湿度分布在不同强度霾时的高频区间分布有所不同。总体而言，各站相对湿度均随霾强度的增加而增强（秦皇岛轻度霾时相对湿度最大，可能与个例较少有关）。张家口的相对湿度高频区在 4 个站中最小，轻度霾时为64%～71%，中度霾时为 68%～84%，重度霾时为 81%～86%。廊坊相对湿度的高频区在

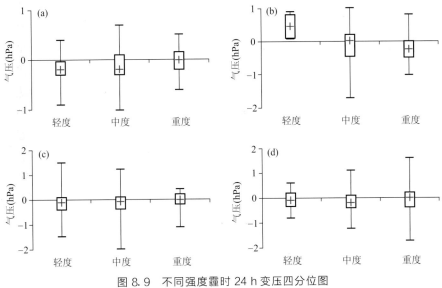

图 8.9　不同强度霾时 24 h 变压四分位图
（a. 张家口；b. 秦皇岛；c. 廊坊；d. 石家庄）

4 个站中最大，轻度、中度、重度霾时分别为 86%～90%、90%～92% 和 92%～93%。除张家口外其他 3 个站重度霾时相对湿度的高频区间均达到 90%。可见，在地面相对湿度低于 60% 时，发生霾天气的可能性较小，随着相对湿度增大，发生霾天气的可能性显著增强，当相对湿度大于 90% 时，发生重度霾的可能性很大。

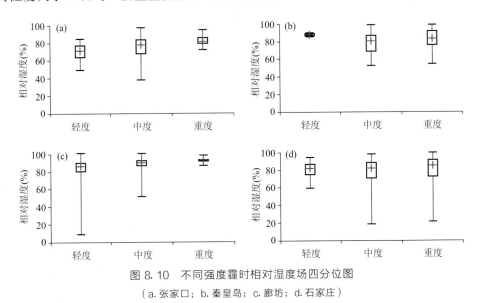

图 8.10　不同强度霾时相对湿度场四分位图
（a. 张家口；b. 秦皇岛；c. 廊坊；d. 石家庄）

　　从地面 2 m 温度的分布可以看出（图 8.11），轻度霾时各站的温度分布跨度最大，4 个站在 0 ℃以下和 20 ℃以上均可出现轻度霾，秦皇岛的高频区域跨度最大在 −12～24 ℃，张家口也在 −7～20.4 ℃，再次说明轻度霾在一年四季均可出现。中度霾各站温度的跨度仍较大，在 0 ℃以下和 20 ℃左右均出现，但一般不超 20 ℃，说明当温度较高时，发生中度霾的可能性不大。重度霾温度高频区域最集中，除秦皇岛外其他站跨度一般不超 10 ℃，在 −6～

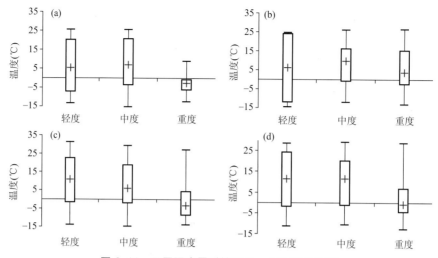

图 8.11　不同强度霾时地面 2 m 温度四分位图

（a. 张家口；b. 秦皇岛；c. 廊坊；d. 石家庄）

7 ℃，中位数均位于 0 ℃ 以下，说明秦皇岛的重度霾不仅仅出现在冬半年，而其他 3 个站重度霾主要集中出现在冬半年，显示了沿海与内陆地区的差异。可见，随着霾强度的增加，地面 2 m 温度逐渐向 0 ℃ 上下集中，这主要由霾天气的季节分布造成，与海陆分布也有一定关系。

　　从 4 个代表站不同强度霾时风向、风速频率分布图（图略）可见，各站在不同强度霾时风向并无明显差别，08 时张家口以东南风为主，其次为西北风，风速以 1～2 m/s 最多；秦皇岛以西西北风为主，风速多在 1～3 m/s，说明对秦皇岛而言，陆风较海风更利于霾天气的出现；廊坊出现最多的是东东北风，其次是西西南风，风速集中在 1～3 m/s；石家庄则以北风和北西北风为主，风速以 1～2 m/s 最多。以上分析表明，霾出现时影响河北省的天气系统较弱，各地区的风速均显著偏小，风向与局地小气候有关，各地风向差别明显。

8.2
霾天气过程天气特征及概念模型

　　挑选重度霾日 36 d、中度霾日 38 d、轻度霾日 57 d，利用 NCEP 1°×1° 再分析资料，对霾日 08 时高空、地面天气形势以及表征边界层特征的物理量进行合成和对比分析。

8.2.1　高空天气形势

　　重度霾日（图 8.12），500 hPa 环流形势以弱的西北偏西气流为主，相对湿度在河北上空为低值区，大部分地区在 40% 以下，说明河北大部分地区对流层中层为晴到少云区（图 8.12a）；850 hPa 为弱的高压脊前，等高线稀疏说明风场较弱，由等温线可以分析出由南向北有一伸展的弱温度脊，中南部地区相对湿度为 40%～50%（图 8.12b）；从平均的行星边界层高度来看，河北平原大部分地区行星边界层高度不足 150 m，表明大气的湍流扩散较弱

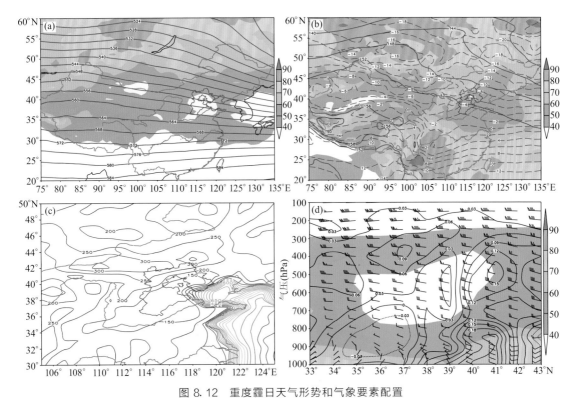

图 8.12 重度霾日天气形势和气象要素配置

(a. 500 hPa 高度场（蓝线，单位：dagpm）、相对湿度（阴影，单位：%）；b. 850 hPa 高度场（蓝线，
单位：dagpm）、温度场（红线，单位：℃）、相对湿度（阴影，单位：%）；c. 行星边界层高度
（等值线，单位：m）；d. 水平风沿 115°E 的剖面（风向杆，单位：m/s）；
垂直速度（等值线，单位：hPa/s）；相对湿度（阴影，单位：%））

（图 8.12c）；从 115°E 剖面图分析，河北范围内 500 hPa 以下存在上干下湿的湿度分布，随着高度的下降，相对湿度增大到 70% 上下，垂直速度在中北部为弱下沉，南部在垂直速度的零线和弱上升之间（图 8.12d）；河北南部温度的平均垂直廓线显示（图略），08 时平均逆温层底在 982.9 hPa、逆温层顶在 925.5 hPa，平均逆温温差高达 5.5 ℃。

中度霾日（图 8.13），500 hPa 环流形势以西北偏西气流为主，与重度霾的平均差别不大，相对湿度较重度霾时有所增加，为 40%～60%，说明河北上空对流层中层的云量有所增加（图 8.13a）；850 hPa 等高线更加稀疏，暖温度脊在河北中南部地区最为清楚，中南部地区相对湿度为 50%～60%（图 8.13b）；从平均的行星边界层高度来看，河北平原大部分地区行星边界层高度在 200 m 以下，其中中部偏西的保定、石家庄、邢台西部等地仍然不足 150 m（图 8.13c）；从 115°E 剖面图分析，500 hPa 以下河北范围内，仅在 700 hPa 附近存在小范围的相对湿度小于 40% 的区域，说明上干下湿的条件变弱；垂直速度场河北北部仍为弱下沉，弱的上升运动出现的区域较重度霾时更广，600 hPa 以下河北中南部均出现了弱的上升（图 8.13d）。从河北南部温度的平均垂直廓线来看（图略），08 时平均逆温层底在 985.2 hPa、平均逆温层顶在 933.08 hPa，平均温差为 3.52 ℃。

轻度霾日（图 8.14），500 hPa 高度场仍为纬向环流，相对湿度在 40%～50%，河北北部和东北部相对湿度不足 40%（图 8.14a）；850 hPa 等高线稀疏，河北中南部仍存在弱的温度脊，相对湿度大部分地区在 40%～50%，说明低层云量并不多（图 8.14b）；从平均的行

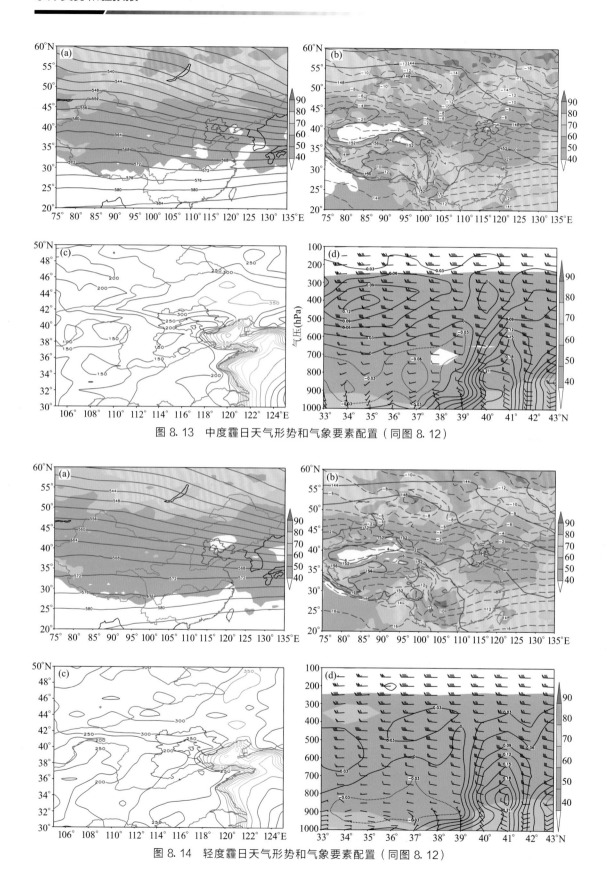

图 8.13 中度霾日天气形势和气象要素配置（同图 8.12）

图 8.14 轻度霾日天气形势和气象要素配置（同图 8.12）

星边界层高度来看，河北平原大部分地区行星边界层高度在 250 m 以下，其中中南部偏西的地区最低不足 200 m（图 8.14c）；从 115°E 剖面图分析，河北范围内 500 hPa 以下的相对湿度均在 40％以上，垂直运动下沉运动区域变得更小，700 hPa 以下河北中南部均为弱的上升（图 8.14d）。从河北南部温度的平均垂直廓线来看（图略），08 时平均逆温层底在 988.5 hPa、平均逆温层顶在 940.6 hPa，平均温差为 3.58 ℃。

以上分析发现，不同强度霾的天气背景场既有相似之处又有一定差别。其共同特征为：500 hPa 以纬向环流为主，850 hPa 存在暖温度脊，大气低层存在逆温。主要差别体现在湿度的垂直分布、逆温强度和高度以及行星边界层高度。对流层中层相对湿度越小，越有利于霾发展，随着霾强度增强，平均的逆温强度加大，混合层高度降低。

8.2.2 地面天气形势

霾是发生在地面的视程障碍天气现象，与地面天气形势关系更为密切。经过大量个例普查发现，不同强度霾时地面形势并无显著差别，也就是地面天气形势并不能直接决定霾的强度。基于上述原因，主要对中度以上霾日个例进行合成分析，将河北省霾地面天气形势分为 3 种，分别为西北高压型、入海高压后部型和低压型（均压场型）。

西北高压型由 18 例霾日合成（图 8.15a），其主要特点为：从新疆北部到贝加尔湖以南地区为强大的高压控制，高压中心位于新疆以北，强度为 1045 hPa，河北处于强大的冷高

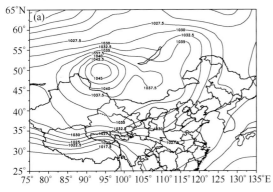
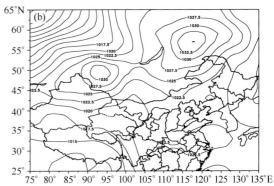
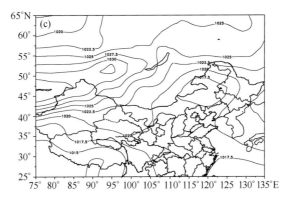

图 8.15 中度以上霾日海平面气压分布（单位：hPa）
（a. 西北高压型；b. 入海高压后部型；c. 低压型（均压场型））

压前部，在河北西北部存在 2～3 根等压线，河北中南部地区平均处于高压前部，等压线稀疏，此种形势下冷空气多在西伯利亚到蒙古国一带活动，路径偏北，一般仅能影响到河北的西北部地区，河北中南部地区冷空气持续偏弱，这是霾天气维持出现最多的地面天气形势。

入海高压后部型由 11 例霾日合成（图 8.15b），其海平面气压场特征为：亚洲高纬度萨彦岭和雅库茨克分别为高压中心，中心分别为 1030 hPa 和 1032.5 hPa，说明冷空气活动偏北，中国东部沿海存在弱高压，中心在我国华东沿海，强度为 1022.5 hPa，河北处于弱入海高压的后部，等压线稀疏，地面吹偏南风，经常有风场的辐合线存在，这也是霾天气时出现较多的地面天气形势。

低压型（均压场型）由 6 例霾日合成（图 8.15c），其特征为：中国东部地区整个为低压区，或地面气压场很弱，平均低压中心位于内蒙古东部地区，中心强度为 1017.5 hPa，河北处于低压底部的弱气压场中，霾天气在这种天气形势下出现最少。

8.2.3　边界层特征

气温具有日变化特征，混合层一般在早晨达到一天中的最低气温。本节利用常规地面观测资料，采用罗氏法计算了 08 时边界层厚度及地表通风系数，统计不同强度霾时河北省各主要代表站的边界层特征（图 8.16a）。张家口站地处河北省 40°N 以北，中高纬度冷空气活动频繁，受其地理位置影响，其各种强度霾时的边界层厚度和地表通风系数均显著大于其他站点，这是张家口与其他地区相比霾天气出现最少的原因，也是空气质量最好的原因。值得注意的是，张家口站出现重度霾时边界层厚度并不是最低的，地表通风系数也较大，这与该地春季冷空气活动引起的地面大风、沙尘有关。就其他 3 个站而言，边界层厚度随霾强度的增加而降低，即边界层厚度分布为轻度霾＞中度霾＞重度霾，轻度霾天气的边界层厚度多高于 500 m，在发生中度到重度霾时，边界层厚度多有不同程度的下降，最多平均下降 200 m，河北 4 个站由北向南，边界层厚度呈降低趋势，这与霾天气空间分布相符。

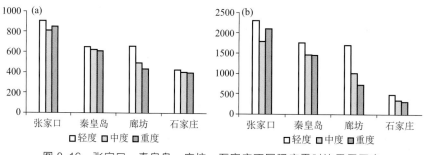

图 8.16　张家口、秦皇岛、廊坊、石家庄不同强度霾时边界层厚度
（a，单位：m）和地表通风系数（b，单位：m²/s）

地表通风系数（图 8.16b）与边界层分布规律类似，轻度霾时 4 个站地表通风系数均是最高的，张家口最高可达 2300 m²/s，石家庄最小不足 500 m²/s，与石家庄霾多发的情况相吻合。张家口重度霾时的地表通风系数大于中度霾，主要由此地冬春季节多大风天气有关。其他 3 个站重度霾时地表通风系数自北向南依次减小，石家庄最小，平均为 310 m²/s。因

此，就全省范围而言，边界层厚度、地表通风系数与霾的强度相关较好，对河北霾的预报具有较好的指示意义。

8.2.4 地面辐合线特征

大地形能对不同尺度的大气运动产生动力、热力作用，如青藏高原大地形对整个东亚天气都产生巨大的影响。地形会对不同的天气系统产生动力、微物理等作用，造成天气的局地分布特征，如地形在降水中的作用，一直是天气预报分析、数值模拟的热点和难点问题。位于太行山东麓的河北省中南部地区，经常发现近乎定常的地面辐合线存在，它可能是暴雨和强对流的直接触发者。河北省天气预报员发现，进入冬季，在静稳天气条件下，地面辐合线仍然频繁出现。受太行山地形影响，河北中南部地形辐合线几乎天天存在，但是，雾和霾需要在一定的天气条件下才出现，地形辐合线的日变化特征如何，对霾的强度是否有作用，以下利用 2013—2015 年冬季逐时地面风场资料进行合成分析。

对 2013—2015 年静稳天气下逐时风场进行平均（图 8.17），可明显看出河北省中南部地区地面风的逐时演变特征。00 时（图 8.17a）开始，太行山沿山地区出现弱的偏西到西北风，在保定西部、石家庄西部、邢台西部靠近太行山区的地区有西北风与偏南风的辐合线出现。01—03 时（图 8.17b），辐合线向南伸展到邯郸中部，并向东部平原地区略有推进，位于保定东部、石家庄东部、邢台和邯郸的中部一线。04 时，辐合线西侧的偏西风继续向东推进，辐合线的南段已经扩展到整个邯郸地区，保定已经转为东北风控制。05—07 时（图 8.17c），在石家庄、衡水、邢台交界处有气旋式辐合中心生成。08—09 时，辐合中心减弱，演变成辐合线，辐合线南段移动较快，移到邢台东部、邯郸东部，北部仍位于保定东部、石家庄东部一线。09—10 时（图 8.17d），辐合线南侧变为一致的西南风，辐合线北段略微向西摆动。11 时，太行山东麓的石家庄、邢台、邯郸 3 个地区的西部风向从西北转为东北，辐合线尺度减小，主要位于河北中部。12 时（图 8.17e），辐合线趋于消失，整个太行山东麓转为一致的东北风，在石家庄东部、邢台东部和衡水附近出现辐散的流场。13—15 时（图 8.17f），河北东南部的西南风逐渐逆时针旋转为东南风，风向在河北中南部地区形成气旋性弯曲，一直维持到 17 时。18 时（图 8.17g），保定和石家庄西部的风向从东南逐渐转为东到东北风，19—20 时（图 8.17h），东北风迅速向南推进到邢台北部。直到 23 时（图 8.17i），东北风扩张到河北南部大部分地区，太行山东麓的保定、石家庄、邢台等地的西部出现西北风。从逐时平均风场的演变看出，地面辐合线在 00 时前后在太行山东麓形成，之后逐渐向东扩张，强度略有增强，早晨前后形成近乎闭合的气旋式环流中心。太行山东麓沿山地区风向随时间的演变特征，与地形效应产生的山谷风环流有关。长期的预报实践显示，太行山东麓的保定、石家庄、邢台等地的西部山区地形效应明显，白天从平原吹向山区，为东南风，夜间从山区到平原，风向转为西北风，转换的时间白天在 13 时前后，晚上在 23 时前后，地面辐合线可从 00 时维持到 11 时前后。

如前所述，受西部太行山地形影响，河北中南部地区在地面天气系统较弱时，常出现地形辐合线。而地面辐合线是否与霾的强度直接相关呢？统计发现，重度霾日地面辐合线出现比例大概为 17.1%（图 8.18a），辐合线西侧为西北风或东北风，东侧为东南风，位置主要集中在廊坊南部、保定东部、石家庄东部、邢台北部等地。中度霾日地面辐合线出现比例增

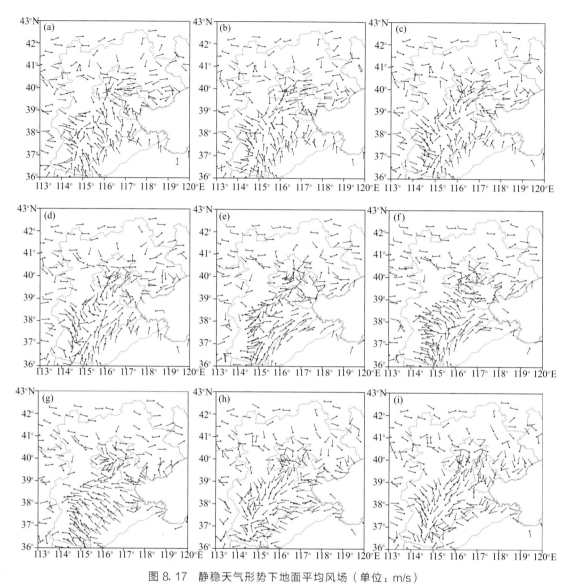

图 8.17　静稳天气形势下地面平均风场（单位：m/s）

（a. 00 时；b. 03 时；c. 07 时；d. 09 时；e. 12 时；f. 14 时；g. 18 时；h. 20 时；i. 23 时）

大到 61.5%（图 8.18b），辐合线西侧为西北风或偏北风，东侧为偏南风或西南风，主要集中在廊坊南部、沧州西部、衡水西部、邢台东部、邯郸东部，位置较重度霾明显偏东。轻度霾日地面辐合线出现比例高达 67.7%（图 8.18c），但经比对发现辐合线与能见度低值区对应并不好，轻度霾时地面辐合线的主要特点为位置分散、尺度较小。可见，不同强度霾时均不同程度地伴有地面辐合线，轻到中度霾时地面辐合线出现的概率更高，说明静稳天气形势下地面辐合线有助于霾天气的形成和维持，但地面辐合线并不直接决定霾天气的强度。

8.2.5　天气概念模型

经以上分析，进一步提炼了霾天气的天气学概念模型。不同强度霾时，500 hPa 环流形

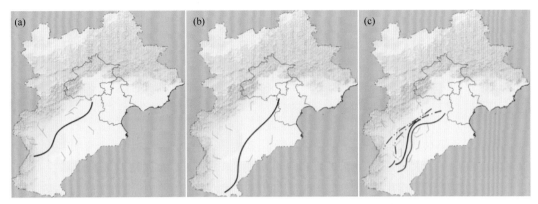

图 8.18　不同强度霾日地面辐合线（线条）和风场（风向杆，单位：m/s）特征图
（a. 重度；b. 中度；c. 轻度）

势差别不大，以纬向环流为主，河北处于贝加尔湖到河套的高压脊脊前。地面主要分为 3 种天气形势：西北高压型，河北处于中心位于贝加尔湖的冷高压冷锋锋前；入海高压后部型，高压中心位于中国东部黄海附近；低压型（均压场型），河北处于低压倒槽的底部弱气压场中。而不同强度霾时，其边界层气象要素差别明显。利用 L 波段秒级探空对不同强度霾的典型个例进行合成分析，发现霾天气时不论强度如何 08 时均出现了逆温（图 8.19），重度霾时甚至存在双层逆温，逆温起始高度低，逆温强度在 400 m 以下为 2.2～2.8 ℃/（100 m），500 m 以上为 2.32 ℃/（100 m）；中度霾时逆温出现在 300～900 m，强度在 0.9～1.2 ℃/（100 m）；轻度霾时逆温层次更高，出现在了 500 m 以上，强度平均在 0.58 ℃/（100 m）。可见，随着霾强度的减弱，逆温层出现的高度升高，强度减弱。混合层高度重度、中度和轻度霾分别为 122 m、175 m 和 205 m，也就是混合层高度随着霾强度的增强而降低。边界层内平均切变随霾强度的增加而减小，地面的散度和边界层垂直速度均较弱。

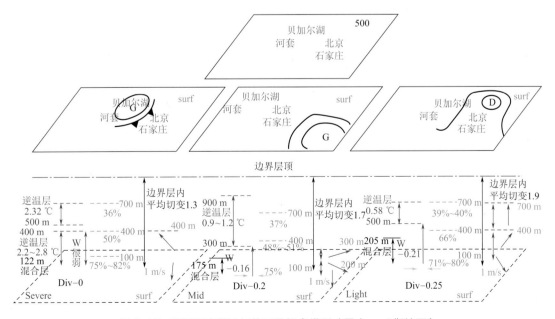

图 8.19　不同强度霾天气的三维概念模型（图中 surf 指地面）

8.3
霾的消散

一定强度的降水、大风对驱散雾、霾及降低 PM$_{2.5}$ 浓度、改善空气质量有明显作用。但清除机制有所不同，大风通过湍流扩散稀释大气污染物和改变大气稳定度来影响大气能见度，而降水通过湿沉降作用可使空气质量得以改善，但弱降水不但不能净化空气，反而可能会使空气质量变差。下面分别对降雨、降雪、风对 PM$_{2.5}$ 浓度的清除作用进行分析。

8.3.1　降雨对细颗粒物的清除作用

冬半年是霾天气的高发季节，霾天气一般会造成空气重污染，而冬半年是华北地区降雨较少的季节，降雨出现的次数较少，因此，本节选取了夏半年的霾过程，分析降雨对其影响。以邢台站为例（表 8.1），当过程雨量小于 10 mm 时，即过程雨量为小雨量级，选取6 个霾个例，平均状况下，过程雨量为 3 mm，最大雨强为 1.1 mm/h，降水持续时间约为 8 h，过程 2 min 平均风速为 1.3 m/s，过程中最大的 2 分钟平均风速为 2.1 m/s，6 个个例中降水性质多数为稳定性降水，并且风速较小，因此基本不考虑风的作用。在此种情况下，降水的清除作用平均状态下可将空气质量由重度污染降低到轻度污染，清除率为 44.3%，清除过程中，空气质量改善到优良的持续时间平均为 13 h，从降水开始到空气质量改善为良需要 11 h。因此，小雨量级的降水对细粒子清除作用速率慢，清除效率低，清除过程中风的耦合作用弱。降水过程量级为中雨的降水对细粒子的清除与小雨量级降水差别较大，以 6 月1 日降水过程为例，该过程中在降水开始的 2 h 后，空气质量由重度污染转变为优，但仅持续了 6 h 后，细粒子浓度再度增长，因此，过程雨量为中雨量级的降水持续时间短，平均状况下约为 6 h，统计中这种量级的降水多与雷暴、大风等对流性天气相伴随，风的耦合较强，平均状况下，2 h 以内可将空气质量由重度污染改善到良的水平，清除速率快，清除率达 69.7%，但空气质量改善为良的持续时间较短，对细粒子浓度清除并不彻底。大雨及以上量级降水强度大，持续时间长，降水过程多伴有系统性的冷空气，因此风的耦合作用也更为强烈，因此，对细粒子浓度的清除作用也更明显，平均状况下，大雨及以上量级降水可将空气质量改善为优的等级，清除率达 67.8%，与中雨量级降水相比，空气质量改善为良所用的时间略长，为 6 h，但优良持续的时间长达 27 h，因此，三者相比，大雨及以上量级降水对细粒子有最为彻底的清除作用。

8.3.2　降雪对细颗粒物的清除作用

由于河北冬半年主要受西伯利亚高压控制，南方的暖湿空气很难输送到河北，全省性降雪过程更为稀少，本节选取河北不同地区几次降雪过程进行分析。2014 年 1 月 16 日白天，秦皇岛出现降雪，过程降雪量 3.6 mm，最大降雪强度 0.9 mm/h，降雪过程中 PM$_{2.5}$ 浓度

表 8.1　邢台站降雨对 $PM_{2.5}$ 质量浓度清除个例统计

量级	过程（月-日）	过程雨量 (mm)	最大雨强 (mm/h)	持续时间 (h)	过程平均风速 (m/s)	过程最大风速 (m/s)	最大风风向 (°)	初始浓度 ($\mu g/m^3$)	最低浓度 ($\mu g/m^3$)	清除率 (%)	优良持续时间 (h)	落后时间 (h)	灾情	风作用
小雨	04-04	2.0	0.4	8	1.7	2.8	26	137	122	18.2	—	—		弱
	05-08	4.0	1.3	15	1.3	2.4	109	137	58	64.3	11	7		弱
	05-21	1.5	0.7	3	1.4	1.5	20	152	81	46.6	—	—	雷暴	无
	05-28	0.8	0.7	2	1.0	1.3	10	118	111	6.0	—	—		无
	06-07	1.6	0.8	4	1.5	1.9	343	337	110	67.4	—	—		无
	06-22	8.0	2.2	17	0.8	2.2	43	106	39	63.1	26	15		无
	08-01	3.1	1.8	6	1.4	2.3	25	121	67	44.3	3	12	雷暴	无
	平均	**3.0**	**1.1**	**7.9**	**1.3**	**2.1**		**158**	**83**	**44.3**	**13.3**	**11.3**		
中雨	06-01	10.0	9.3	3	2.9	5	307	191	18	90.4	6	2	雷暴、大风	有
	06-18	11.8	8.6		1.4	1.9	18	134	97	28.0			雷暴	无
	07-22	12.0	4.1	13	1.7	2.5	2	133	22	83.8	21	3		有
	07-25	12.7	8.2	2	1.5	1.9	12	312	46	89.3	10	1	雷暴	无
	08-11	17.1	9.3	9	1.0	3.3	59	102	40	61.0	23	0	雷暴、大风	有
	平均	**12.7**	**7.9**	**6.2**	**1.7**	**2.9**		**174**	**44**	**69.7**	**15**	**1.5**		
大雨	05-26	47.9	19.3	18	2.4	4.6	37	162	56	69.6	24	16	—	有
	06-09	37.3	14.8	23	1.7	4.4	28	267	19	92.8	38	8		有
	06-21	39.3	6.3	15	1.2	3.2	332	65	35	49.5	17			无
	07-01	26.4	21.4	9	1.7	3.3	202	117	48	58.7	6	5	雷暴	弱
	07-08	33.3	24.4	6	1.9	2.8	323	188	28	89.2	7	5	雷暴、大风	有
	07-09	124.6	21.1	53	1.8	3.4	15	41	17	59.1	69	0	雷暴	有
	平均	**51.5**	**17.2**	**20.7**	**1.8**	**3.6**		**140**	**34**	**67.8**	**26.8**	**9.7**		

有所下降，但 $PM_{2.5}$ 浓度最低在 16 日 20 时（图 8.20）。从 17 时开始，2 min 平均风速增大到 3.7 m/s，从地面图分析可知有东北路径冷空气南下，因此 20 时以后 $PM_{2.5}$ 浓度的下降主要是由冷空气带来的大风引起的，降雪的清除作用集中体现在 16 日白天。本次过程河北其他地区未出现明显降雪，因此选择 2014 年 2 月 4—8 日河北出现降雪过程的其他城市进行对比分析，其中 4—5 日降雪为高原槽与地面"回流"形势在河北中南部产生的降雪，6—7 日为西来槽与河套倒槽产生的全省性降雪过程，2 次过程地面气压场均较弱，最大风速不超过 2.1 m/s（表 8.2），故可排除大风的清除作用。降雪对 $PM_{2.5}$ 浓度的平均去除率为 44%，降雪过程很难使 $PM_{2.5}$ 空气质量分指数下降到优或良等级（浓度低于 75 $\mu g/m^3$），浓度达到最低平均需要 3.5 h。可见，降雪对 $PM_{2.5}$ 浓度的清除作用要明显小于降雨。

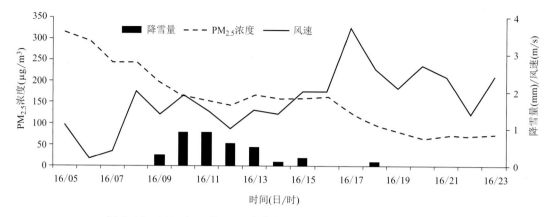

图 8.20　2014 年 1 月 16 日秦皇岛降雪量、PM$_{2.5}$ 浓度和风速演变

表 8.2　降雪对 PM$_{2.5}$ 浓度的清除个例统计

日期	城市	过程降雪量 (mm)	最大降雪强度 (mm/h)	最大风速 (m/s)	PM$_{2.5}$ 浓度（μg/m³） 降雪前	PM$_{2.5}$ 浓度（μg/m³） 降雪后	最高去除率 (%)	去除时间 (h)
1 月 16 日	秦皇岛	3.6	0.9	2.0	324.0	143.8	56	4
2 月 4—5 日	邢台	6.7	1.5	1.8	199.1	98.6	50	2
2 月 5—6 日	邢台	9.2	1.1	2.1	177.0	97.5	45	6
2 月 6—7 日	石家庄	2.3	0.6	1.0	140.7	108.1	23	2

8.3.3　风对细颗粒物的清除

　　风在细粒子浓度清除中占有至关重要的地位，秋冬季多发的霾和重污染天气过程，大多是由冷空气带来的大风天气过程清除。以 3 m/s 为下限选取风作为独立影响因子，以 2 月 28 日过程为例（表 8.3），大于 3 m/s 的偏北风持续 4 h 后，空气质量由严重污染改善为优，清除率高达 95%，此过程为典型的西北路冷空气活动，锋区南压造成的系统性大风过程。平均状况下，系统性东北偏北风的持续时间约为 12 h，最大风速为 9.5 m/s，清除率可达 89.1%，在起风后约 5 h 内，可将重度污染的空气改善到优的水平，并且空气质量指数为优良状态的持续时间可达 32 h。值得注意的是，除了冷空气活动，较强的偏南风对细粒子浓度的清除也有一定作用，如表 8.3 所示，平均状况下，系统性偏南风的持续时间约为 7 h，最大风速为 4.5 m/s，起风后可在 2 h 内将重度污染的空气改善到良的水平，清除率为 72.9%，然而良持续时间较短，仅为 16 h。因此，从以上比较可以发现，气象要素对 PM$_{2.5}$ 的质量浓度清除有至关重要的作用，与降水相比，风对细粒子浓度清除更为明显，较强的偏南风对空气质量的改善持续时间短，而系统性北风对细粒子的清除率最高，良持续时间也最长，对空气质量的改善最为彻底。

表 8.3　邢台站风对 PM$_{2.5}$ 质量浓度清除个例统计

项目	过程 （月-日）	过程最大风 （m/s）	风向 （°）	>3 m/s 持续时间 （h）	初始浓度 （µg/m³）	最低浓度 （µg/m³）	清除率 （%）	优良持续 时间（h）	落后时间 （h）
偏北风	02-28	4.9	29	7	625	31	99.1	23	4
	03-09	7.0	38	14	219	29	86.7	26	9
	03-18	9.6	37	11	118	36	69.2	28	4
	03-27	4.7	31	6	169	32	80.9	28	11
	04-08	9.6	318	28	160	11	93.1	39	3
	04-18	9.0	41	7	121	18	89.5	49	1
	平均	9.5		12.2	235	26	89.1	32.2	9.3
偏南风	03-11	9.6	181	15	137	42	71.1	16	3
	03-21	9.0	185	6	151	64	57.4	3	5
	04-29	3.9	180	8	234	36	84.5	10	2
	05-30	3.7	183	5	167	43	74.1	38	0
	06-13	9.2	176	6	147	40	72.8	12	1
	06-25	3.6	177	3	208	47	77.5	14	1
	平均	4.5		7.2	173.9	49.5	72.9	19.5	2

8.3.4　焚风与霾

焚风是出现在山脉背风坡，由山地引发的一种局部范围内的空气运动形式——过山气流在背风坡下沉而变得干热的一种地方性风。焚风是山区特有的天气现象。它是由于气流越过高山后下沉造成的。当气流越过山脉时，在迎风坡上升冷却，起初按干绝热递减率降温，当空气湿度达到饱和时水汽凝结，气温就按湿绝热递减率降低，大部分水分在山前降落。过山顶后，空气沿坡下降，基本上按干绝热递减率增温，这样过山后的空气温度比山前同高度的温度高很多，湿度也小得多，这就是"焚风"产生的原因。焚风在世界各地山区都曾出现，以欧洲的阿尔卑斯山、美洲的落基山、原苏联的高加索最为有名，一般带来局地气温和湿度的快速变化。焚风在冬末春初可使积雪融化、土壤解冻、物候提前，夏季常常引起干热风使小麦减产，干旱季节提高了森林、草原火险等级，易使大火蔓延。位于我国黄土高原东部的太行山，海拔在 1500～2000 m，东侧坡度很大，直接下降到海拔不足 100 m 的华北平原。因此，位于太行山东麓的河北中南部地区，一年四季均会出现焚风，尤以冬季发生的频率最高。2009 年 3 月，河北大部地区气温偏高，受干暖气团、偏西风和"焚风效应"共同影响，但主要原因是"焚风效应"。石家庄位于太行山东麓，海拔高度相差 1000 m 以上，当焚风气流越过太行山下降时，石家庄地区常出现"焚风效应"，日平均气温比正常时偏高 10 ℃左右，有时比离山麓较远的东南部市县（无"焚风效应"地区）要高出 10 ℃以上，使得气温迅速升高，再加之天气晴好，太阳辐射较强，加剧了气温升高。在夏季，"焚风效应"对高温的出现和持续起到了一定的作用。

长期的预报实践发现，冬半年霾持续期间，焚风现象的出现亦对霾带来影响，引起霾强度减弱、能见度上升、污染物浓度下降等。2015 年 12 月 25 日凌晨，位于太行山东麓的河北中南部地区出现了明显的焚风天气，石家庄地区最为明显。从逐 5 分钟风场分析（图8.21），石家庄从 25 日 05 时开始逐渐转为偏西风，风速相应增大，从 1.4 m/s 加大到 3.0 m/s以上，最大可达 4.6 m/s。05—06 时，气温从 −5 ℃ 上升到 3.9 ℃，小时增温达 8.9 ℃，露点温度从 −5.5 ℃ 下降到 −9.1 ℃，相对湿度从 96% 下降至 38%，焚风现象特征明显。对应焚风出现的时段，地面能见度发生明显好转，05 时之前不足 0.4 km，07 时已经上升到15 km；$PM_{2.5}$ 浓度在 24 日夜间最高可达 313 $\mu g/m^3$，焚风现象出现后，$PM_{2.5}$ 浓度缓慢下降，25 日 08 时最低降至 51 $\mu g/m^3$。可见，焚风对 $PM_{2.5}$ 浓度的下降即霾的消散起到了明显的作用。

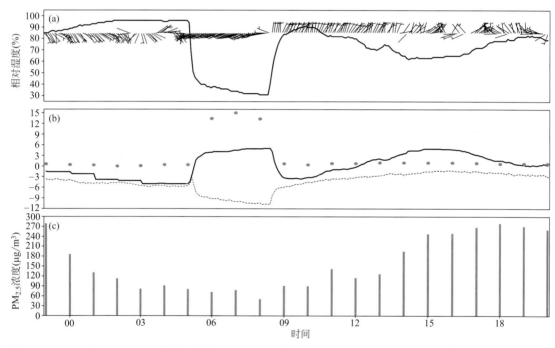

图 8.21　2015 年 12 月 25 日气象要素（a.相对湿度（实线，单位：%）、风速（风向杆，单位：m/s）；
b.温度（实线，单位：℃）、露点温度（点线，单位：℃）、水平能见度（圆点，单位：km））和
$PM_{2.5}$ 浓度（柱形）（c）的演变

从气象要素的水平分布来看（图 8.22a），从石家庄市区中轴线往西的区域一直到山区，风向以偏西风为主，气温在凌晨以后均有所上升，在 08 时均升至 0 ℃ 以上，最高 6.5 ℃，较市区东部明显偏高。对比 $PM_{2.5}$ 浓度的水平分布（图 8.22b），$PM_{2.5}$ 浓度明显下降的区域位于石家庄市区以西的区域，与焚风出现区域一致，说明焚风作用从山前向平原地区扩展，扩展的水平距离大致在山前 25 km 左右。

从图 8.21 中发现，山前吹偏西风的时间持续到 08 时 30 分，之后转为偏北风，焚风作用随之消失，09 时气温迅速降至 −3.3 ℃，1 h 降温达 8.2 ℃；露点温度从 −10.7 ℃ 升至

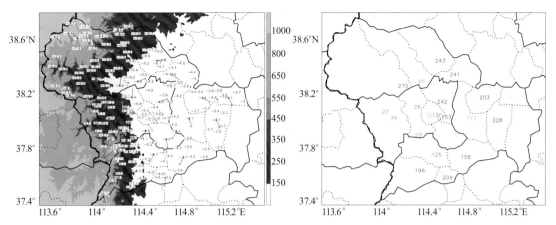

图 8.22　2015 年 12 月 25 日 08 时气象要素（a）气温（单位：℃，蓝色＜0 ℃、红色≥0 ℃）、风速（风向杆，单位：m/s）、地形高度（填色，单位：m）和（b）PM$_{2.5}$ 浓度（单位：μg/m³）的空间分布

－5.9 ℃，相对湿度从 32％上升至 82％，能见度从 13.3 km 降至 1 km 以下，最低 0.7 km，PM$_{2.5}$ 浓度亦呈缓慢增加趋势，到 14 时已经上升到 200 μg/m³ 以上。可见，太行山区特有的焚风现象对 PM$_{2.5}$ 浓度和水平能见度具有明显的影响，出现焚风现象时，随着温度的迅速上升和相对湿度的快速下降，PM$_{2.5}$ 浓度会缓慢地下降，能见度明显好转。根据焚风的形成机理，焚风出现时的下沉气流导致霾粒子尘降到地面可能是 PM$_{2.5}$ 浓度下降、能见度转好的物理原因；但由于焚风一般只改变局地的气象条件，一旦焚风现象消失，地面温度、相对湿度、PM$_{2.5}$ 浓度和水平能见度均会回到焚风之前的水平，因此焚风对 PM$_{2.5}$ 一般不能起到彻底的减小作用，霾天气在受焚风影响的区域短暂消失，焚风结束后霾将重新出现。

　　天气形势分析（图 8.23）表明，2015 年 12 月 25 日 08 时，500 hPa 东亚中高纬度为一脊一槽的形势，河北为脊前西北偏西气流控制，700 hPa 河北上空风场存在弱的气旋性切变，但整体相对湿度较小，850 hPa 为偏西风控制。地面冷高压中心位于西北地区西部，冷空气经西北地区、西南地区到达江南和华南，河北处于高压北侧，形成了华北地形槽，河北中南部地区地面吹偏西风，此种地面形势为太行山东麓发生焚风的有利形势。石家庄在西高东低的地面气压场作用下，地面出现偏西风，这样从 850 hPa 到地面一致为与太行山脉走向相垂直的气流，由于湿度较小，气流从山西高原吹向位于华北平原的石家庄地区时，空气按干绝热递减率增温，由于地形落差大，造成石家庄地面气温上升、湿度下降，出现"焚风"现象。从邢台当日 08 时探空分析（图略）可知，990 hPa 到地面存在明显的逆温层，说明大气层结稳定，有利于平原地区雾和霾的维持。

　　过去由于监测手段的限制，对边界层中气溶胶粒子的垂直空间分布结构和演变特征知之甚少，发展光学探测手段是目前大气环境探测研究领域的重要工作，激光雷达可以直观地反映焚风发生前后污染物的垂直结构变化情况。

　　利用经过距离校正后的回波信号，采用拐点法可以大致确定大气边界层的高度，其 24 h 的变化特征如下（图 8.24），24 日 20 时至 25 日 00 时，回波信号扩展的高度一般不足 1 km，高度在 200 m 上下的距离平方订正回波信号强度梯度最大，说明边界层在此高度附近，最大回波信号强度达 1000 以上，回波信号强度随着高度的升高而减弱，说明颗粒物在近地面层最集中，随着高度的升高，颗粒物浓度降低。25 日凌晨之后，尤其是 05—08 时，

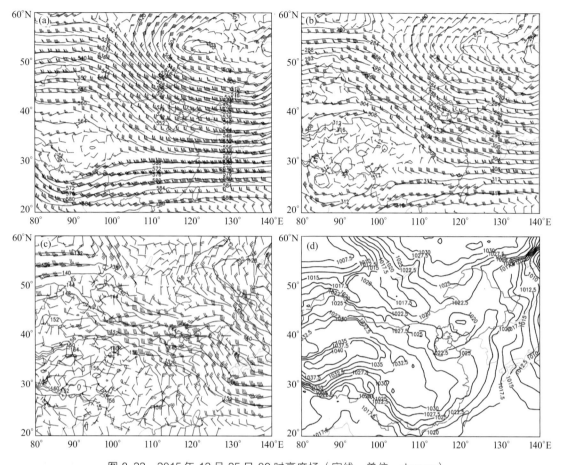

图 8.23 2015 年 12 月 25 日 08 时高度场（实线，单位：dagpm）、
风场（风向杆，单位：m/s）和海平面气压场（实线，单位：hPa）
（a. 500 hPa；b. 700 hPa；c. 850 hPa；d. 海平面气压）

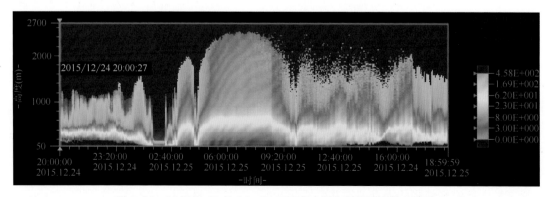

图 8.24 2015 年 12 月 24—25 日石家庄激光雷达距离校正信号

回波信号的垂直分布发生了明显变化，信号垂直扩展到 2 km 高度以上，近地面的回波信号强度最大不超过 400，整个边界层内信号的垂直梯度明显减弱，表明近地层颗粒物浓度明显减小，边界层高度升高，且整个边界层内回波信号分布较均匀，反映了边界层内混合作用的增强。随着焚风作用的消失，回波信号扩张的高度逐渐下降到 1 km 左右，近地面的最大回

波信号强度逐渐增大到 1000 以上，说明边界层高度再次下降，污染物再次集中在近地面 200 m 高度以下，浓度迅速增加。

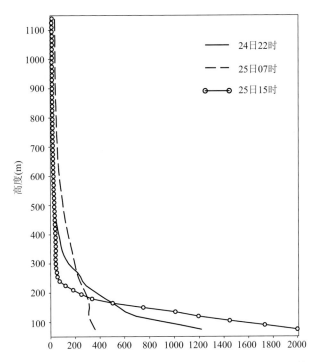

图 8.25　石家庄激光雷达距离校正信号（单位：photon/km²）

选取 24 日 22 时、25 日 07 时和 15 时分别代表焚风前、焚风时和焚风后，3 个时次距离平方订正回波信号强度的垂直分布可直观地反映上述特征（图 8.25），焚风发生前和发生后，75 m 回波信号强度分别达到了 1200 和 2000，225 m 以下具有大的强度梯度，225 m 以上回波信号强度很弱，说明混合层高度较低，焚风发生时 75 m 回波信号强度为 360，远小于前后两个时次，同时 800 m 以下的回波信号强度分布均匀，反映了混合层高度大幅升高。

利用激光雷达的回波强度信号可以反演垂直方向上的消光系数，分析整个过程消光系数的演变（图 8.26a），24 日夜间，300 m 高度以下消光系数始终较高，最高出现在 22 时 30 分前后，可达 9 km^{-1}，由于近地面粒子浓度大，1 km 以上的激光雷达信号消失，因此消光系数值缺失。25 日 02 时以后，消光系数呈下降趋势，焚风发生时段消光系数降至最低，在 1 km^{-1} 以下，最低 0.7 km^{-1} 左右，消光系数反演的高度达到 2.5 km 上下。08 时以后，消光系数上升到 1 km^{-1} 以上，近地面层逐渐出现消光系数的大值，14 时以后，300 m 以下的消光系数迅速上升到较高水平。气溶胶光学厚度定义为介质的消光系数在垂直方向上的积分，描述的是气溶胶对光的衰减作用。25 日之前，气溶胶光学厚度始终在 1.0 以上（图 8.26b），最高达 1.85。25 日 00 时开始气溶胶光学厚度降至 1.0 以下，其中焚风发生时段最低在 0.6 上下，说明在焚风作用之下，垂直累计的粒子消光系数减小，反映的是污染物浓度的下降。08 时前后，气溶胶光学厚度回到 1.0 以上，呈波动式上升，最高甚至达到了 2.16，表明垂直累计污染物浓度迅速增强，霾天气加重。

风廓线仪是监测大气水平风垂直分布的有效工具。与传统的无线电探空设备相比，其主

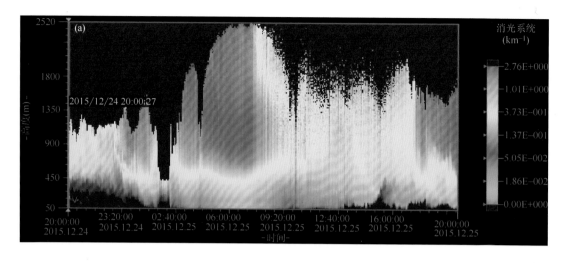

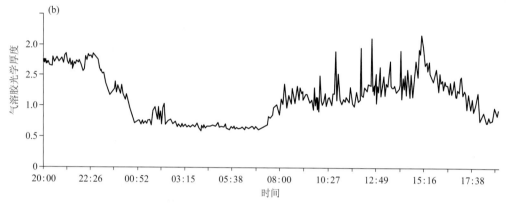

图 8.26　2015 年 12 月 24—25 日石家庄激光雷达消光系数（a，单位：km^{-1}）和气溶胶光学厚度（b）

要优点表现在：一是可对测站上空水平风的垂直分布进行不间断连续探测，时间分辨率可达 6 min；二是风廓线仪测量的是观测站上空水平风的垂直分布情况，避免了常规探空气球随风飘离的情况，反映的风是测站上空的实际情况。

利用石家庄鹿泉低对流层风廓线雷达，对焚风发生时段前后的风廓线资料进行分析。从逐 6 min 的风廓线水平风场分布来看，25 日 04 时开始，对流层中下层 4 km 上下以西北气流为主，风速在 20 m/s 以上，这和天气系统的演变相符。随着高度的降低风速逐渐减小，1.5 km 高度上空风速普遍在 10 m/s 以下，风向偏西的分量加大，500 m 以下，以西到西南风为主，04 时 54 分开始，150 m 高度上开始出现西北风，风速在 10 m/s 以上。05 时 30 分起，西北风逐渐转为偏北风，风速减小。06 时开始，300 m 以下风场变得不一致，开始出现偏东风，风速不大，06 时 36 分东北风加大到 10 m/s 以上（图 8.27），270 m 出现东南风，这种情况一直维持到 08 时 30 分，之后风向先后转为北、东北、偏南风，风速迅速下降。整个时段 500 m 以上无论风向、风速变化均不大。可见，焚风过程前后 500 m 以上风场无明显变化，以西北和偏西风为主，风向风速的主要变化发生在 300 m 以下，始于西北风的加大，之后风向多变，上下层出现不一致现象，说明风场的脉动很强，随着风速的迅速下降，风场的脉动减弱，焚风过程结束。

微波辐射计反演的相对湿度廓线可清晰地反映焚风对相对湿度垂直分布的影响（图

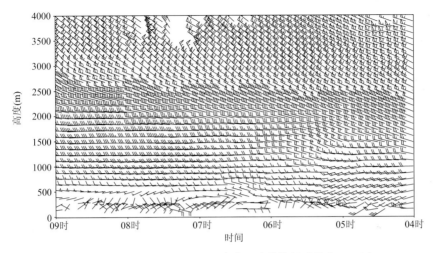

图 8.27 2015 年 12 月 25 日石家庄风廓线特征（单位：m/s）

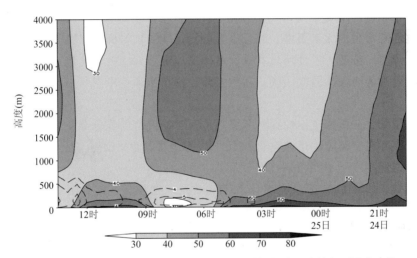

图 8.28 2015 年 12 月 24—25 日石家庄微波辐射计反演的相对湿度廓线
（阴影和实线，单位：%）和温度廓线（虚线，单位：℃）

8.28）。25 日 00 时前后，1000 m 以下相对湿度随高度下降而明显增大，最高接近 80%，05
时开始，1000 m 以下的相对湿度迅速下降至 40% 以下，近地面接近 30%，此时，地面污染
物浓度下降，水平能见度迅速升至 10 km 以上，霾消散。近地层低相对湿度一直维持到 08
时 40 分前后，随着焚风现象的消失，近地面相对湿度迅速上升至 60% 以上，地面污染物浓
度上涨，能见度降至 3000 m 以下，霾迅速增强。对比微波辐射计反演的温度分布，05 时前
后开始，500 m 以下出现 4 ℃ 以上的暖中心，温度随高度的下降而升高，最强暖中心可以达
到 5 ℃，09 时开始 4 ℃ 以上的暖中心消失。以上分析发现，微波辐射计反演的相对湿度、
温度的变化与焚风的影响时段高度吻合，垂直方向上，焚风效应的影响最高可达 1000 m 高
度，但对 500 m 以下的近地层影响最显著。正是焚风的出现和消失带来地面的温度、相对
湿度等气象要素的剧烈变化引起了霾的强度在短时间内发生变化。

8.4
霾预报思路及方法

8.4.1　霾的预报思路

8.4.1.1　霾的生成或维持

雾和霾都是静稳天气形势下产生的视程障碍天气，两者的主要区别在相对湿度和组成成分。在实际天气中，一日当中由于辐射条件的变化，雾和霾之间发生多次转换的情况经常出现，因此，从天气学角度来说，霾形成的大气环流背景条件与雾是相似的。在污染物排放定常的情况下，气象条件的变化可以直接决定霾的强弱甚至有无。气象条件有利时，即使污染物排放增加，也不会出现霾天气；气象条件不利时，削减排放源也能减轻霾的强度。因此，霾的预报比雾需要考虑的因素更多。综合以上分析，霾的预报应从以下方面入手。

（1）天气形势。分析大尺度环流背景，京津冀地区区域性霾天气绝大部分发生在纬向环流背景下，地面形势表现为弱气压场，霾的强度往往在冬半年冷空气来临之前的锋前暖区达到最强。

（2）大气层结。分析探空站的探空曲线，霾天气持续时大部分个例伴有逆温层存在。有时探空曲线上不存在逆温时，还应注意1000 hPa和地面温度，如果1000 hPa的温度大于地面温度，说明逆温存在于1000 hPa以下。

（3）温度脊。如果850 hPa或925 hPa有暖中心、温度脊存在，则更有利于近地层逆温的生成与维持，霾天气一般会维持或加重。

（4）累积性。霾造成水平能见度下降是一个缓慢变化的过程，一般是静稳天气维持情况下，霾逐日加重。

（5）区域性。上游霾天气加重，边界层以下的风向稳定不变时，水平输送作用将造成下游地区污染物的累积和霾天气的发展，区域中各地的霾强度大致相同，能见度相对均匀。这种情况在华北地区偏南风持续时尤为明显。

（6）持续性。区别于雾对高湿度的要求，霾不需要高相对湿度，因此不需考虑温度日变化带来相对湿度日变化的影响，也不受天空状况等非绝热加热作用影响，一旦静稳形势建立，霾天气将持续。

（7）排放源。霾的形成与污染物的排放密切相关，污染物主要来源于高耗能产业、高污染产业的排放以及城市中机动车尾气和其他烟尘排放源排出粒径在微米级的细小颗粒物，因此霾的预报还要考虑排放源。

（8）地形作用。霾与地形关系密切，燕山、太行山等山脉削弱了北路和西路冷空气的强度，阻碍了气溶胶颗粒的水平扩散，造成霾在平原和盆地多发。

8.4.1.2　霾的减弱或消散

霾天气减弱或消散与其生成或维持的条件基本相反，有利于霾维持的条件消失意味着霾将减弱或消散。由于环流调整，静稳天气形势破坏带来气象条件转好才能将霾彻底驱散；静稳天气维持即使排放源完全消失，霾天气仍会维持。一般来说，风的增大和明显的降水会使霾消散。在预报霾减弱或消散时，应注意以下几个方面。

（1）天气形势。分析大尺度环流形势是否有调整的可能，如西风指数减小、纬向环流向经向环流调整等。京津冀地区冬半年降水稀少，区域性霾天气彻底结束多数由于西风槽携带明显冷空气东移，地面冷锋过境，气压梯度明显加大。

（2）降水。当高原槽或南支槽带来水汽，华北地区出现明显降水时，空气中的气溶胶颗粒将出现湿沉降过程，霾天气将减弱或消失。但当降水很弱或只出现零星降水时，由于近地面湿度增大，霾天气不但得不到清除，反而会发展加重。

（3）风。当超过 4 级的偏北风带来西伯利亚干冷空气时，霾天气会彻底结束，一般需要几个小时水平能见度才能彻底转好。当偏南风风力达到一定程度时，气溶胶颗粒将随空气一起在更大的水平空间和垂直空间发生混合，造成当地空气中气溶胶成分被稀释，霾天气减轻，但偏南风下游风向风速辐合地区霾加重。当太行山南麓沿山地区出现明显的焚风效应时，由于温度飙升和湿度剧降，霾天气会减轻甚至短时间消散，但只是在焚风影响的局部地区，焚风现象一旦消失，霾天气会迅速发展。

（4）排放源。霾天气持续期间，通过停产限行等措施减少高耗能产业、高污染产业的排放以及城市中机动车尾气和其他烟尘排放源排放，可以在一定程度上控制霾天气加重，但霾天气不会因为污染物排放减少而消散。

8.4.2　霾的客观预报方法

霾的天气预报思路与雾类似，很重要的一点是除了考虑能见度和相对湿度外，霾的预报还需分析研判污染物浓度，尤其是细颗粒物 $PM_{2.5}$ 的浓度，因此，霾的客观预报主要取决于对污染物浓度的客观预报。

8.4.2.1　环境气象模式的发展

为实现污染物浓度的客观预报，2014 年 5 月，中国气象局沈阳环境大气研究所引进了 9 km 分辨率的 CUACE/haze-fog 模式（图 8.29），2014 年 6 月实现了本地化运行。模式耦合的气象场来自中国气象局国家气象中心下发的 GRAPES 全球模式 20 时预报，每天运行 1 次，预报时效 84 h、间隔 1 h，预报区域覆盖东北三省和内蒙古东部地区。产品主要包括 SO_2、NO_2、PM_{10}、CO、O_3 和 $PM_{2.5}$ 共 6 类空气质量产品和对应的 AQI、能见度、雾-霾落区和等级等。2015 年 7 月，北京市气象局成功引进 9 km 分辨率 CUACE/haze-fog 模式，并实现了在曙光大型计算机环境下本地运行。华北区域 CUACE/haze-fog 覆盖京津冀、山东、山西等地，时间分辨率 3 h，预报时效 72 h 以上，每天运行 1 次。华北地区该模式的气象场采用了 GFS 的预报，预报要素包括 SO_2、NO_x、PM_{10}、CO、O_3、$PM_{2.5}$、AQI 和能见度等。

此外，北京市气象局和天津市气象局分别将本地研发的 BREMPS、WRF-chem 等大气化学模式更新至清华大学 2012 年排放源清单。沈阳环境大气研究所根据辽宁 14 城市的点源、面源以及移动源等，使用 SMOKE 模式对大气污染源排放资料进行了处理，增加国家、城市和时区代码，对不同类型的锅炉和烟囱分类编码等，建立了符合模式要求的点源数据 IDA 格式文件，分析各类污染源的时间排放特征，优化了污染源的时间排放规律，并在

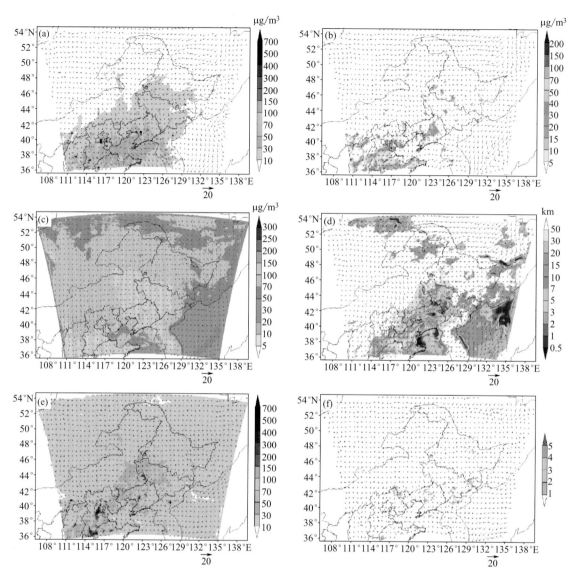

图 8.29　东北区域 CUACE/haze-fog 预报产品实例

（a. PM$_{2.5}$ 浓度；b. SO$_2$ 浓度；c. O$_3$ 浓度；d. 能见度；e. AQI；f. 霾强度等级）

SMOKE 模式中进行时间分配系数修正，建立了东北区域 9 km 分辨率排放源数据，并运用到 CMAQ 预报系统中。人为排放源清单更新后，模式对于污染过程的峰值浓度预报效果得到了一定的改善。

8.4.2.2 集成预报方法

　　数值产品释用主要包括直接输出法、统计释用法、人工智能法、天气学方法。其中人工智能法有神经网络法、相似法、机器学习、深度学习等。鉴于污染物浓度的时间演变具有连续性，但是与气象要素之间的关系是非线性的，因此可以采用 BP 人工神经网络法建立 PM$_{2.5}$ 等浓度的集成预报系统。

　　神经网络法模仿人类的神经系统建立预报因子与预报量之间抽象的数学模型，是一种

非线性的动力学系统。神经网络的基本单元是
神经元，大量的神经元构成了结构复杂的神经
网络系统。神经网络有多种结构模型，以下采
用的 BP 网络是一种单向传播的多层向前网络
（图 8.30），包括输入层、隐层和输出层，其中
隐层可以包含 1 个或以上层次。输入层节点的
值向前传播到隐节点，通过权重值和作用函数
形成隐节点值，隐节点值再向下一层传播，每
层节点数值只影响下一层，最后得到输出结

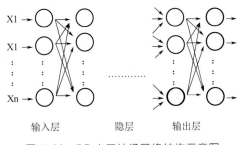

图 8.30　BP 人工神经网络结构示意图

果。BP 人工神经网络的传播即从一个输入层到下一个输入层的映射，作用函数采用 Sig-
moid 型函数：

$$f(x) = \frac{1 - e^{-x}}{1 + e^{-x}}$$

权重值通过学习获得。本书将全部数据样本分为 2/3 和 1/3 两部分，使用 2/3 数据进行学
习，通过计算输出层与隐层误差由后向前采用梯度下降法修正各层、各节点的权重值，
不断重复上述步骤直到网络收敛。基于霾天气（污染）的相关性和概念模型研究结果挑
选了预报因子。建模时衡量误差大小依据 FAC2、归一化均方根误差和平均偏差 3 个参
量，即集成结果使得 FAC2 增大、归一化均方根误差和平均偏差减小。此外，根据
CUACE/Haze-fog 和本地模式的检验结果，给 3 个参数一定的权重，并且预报因子在输入
前进行了归一化处理。

8.4.2.3 集成预报产品的性能

　　利用 BREMPS 和 CAUCE/haze-fog 两个模式 2015 年的预报结果，建立了河北省张家
口、唐山、保定、石家庄、邢台 5 个代表站点的 $PM_{2.5}$、PM_{10}、NO_2、O_3 浓度的 BP 人工神
经网络预报模型，分别代表河北北部、东部、中部和南部地区，预报的时间分辨率为 24 h
内逐 3 h，48～72 h 时间分辨率为 6 h。具体做法是将 2015 年每个月的数据集的 2/3 用于建
模训练，兼顾 12 个月份和污染过程，利用预报模型和剩余 1/3 数据进行了预报试验。实验
结果如下。

　　（1）$PM_{2.5}$ 浓度预报检验

　　预报试验结果表明，BP 人工神经网络预报的 24、48、72 h 的 $PM_{2.5}$ 浓度平均偏差较
BREMPS、CAUCE 模式单一模式均减小，随着预报时效的延长，平均绝对偏差会有起伏和
波动（表 8.4）。其中，在河北北部的张家口、东部的唐山，BP 人工神经网络对 BREMPS
的预报效果改善较大，而在 $PM_{2.5}$ 污染相对较重的河北中南部地区的保定、石家庄、邢台，
BP 人工神经网络对 BREMPS 的整体预报也有明显改善，但年平均绝对偏差仍在 10 $\mu g/m^3$
以上，且石家庄 24 h 的 BP 人工神经网络预报效果差于 BREMPS 模式。总体来看，BP 人工
神经网络预报检验效果自南向北逐步提高，对于河北北部污染相对较轻的区域，BP 人工神
经网络的预报改善能力表现最好，而重污染区域的预报改善效果有波动起伏，但整体是正的
改善技巧。

表 8.4 河北 PM$_{2.5}$ 浓度 2015 年全年预报偏差对比   单位：μg/m³

时效	预报来源	石家庄	邢台	张家口	唐山	保定
	BREMPS	7.2	−17.5	−12.9	−8.1	−25.0
24 h	CAUCE	60.0	34.4	−6.5	−1.8	−10.0
	BP	8.2	10.3	10.1	0.3	−16.2
	BREMPS	12.3	−29.0	−13.7	−16.0	−34.5
48 h	CAUCE	61.9	31.3	−7.0	−1.5	−14.7
	BP	12.1	10.6	10.3	1.4	9.1
	BREMPS	−12.1	−32.0	−14.1	−18.0	−35.8
72 h	CAUCE	58.0	25.9	−8.4	−2.2	−15.6
	BP	10.3	11.7	2.6	−2.9	−12.9

从 BREMPS 模式、CAUCE 模式和 BP 预报的河北各站点 PM$_{2.5}$ 浓度平均偏差的逐月分布来看（图 8.31），在河北中南部的保定、石家庄、邢台地区，4—8 月的平均偏差相对稳定，且三者的预报效果最好，9—11 月，在秋季和冬初的污染较重的开始时间，月平均偏差有明显的上升，且都为正的平均偏差，在污染最为严重的 2015 年冬季，月平均偏差迅速下降，表明在重污染季节模式的预报比实况弱，对极端重污染过程的 PM$_{2.5}$ 浓度的预报明显偏小。在河北北部 PM$_{2.5}$ 污染较轻的地区，月平均预报偏差表现为明显的波动起伏，但偏差较小，BREMPS、CAUCE 预报的月平均偏差几乎都为负值，而 BP 预报在零值上下摆动，表明 BP 预报在张家口的预报具有可靠的稳定性和较好的预报能力。而河北东部的唐山，表现为明显的一峰一谷型，2—6 月的月平均预报偏差都为负值，主汛期的 7—8 月迅速转为正的月平均偏差。

河北地区 PM$_{2.5}$ 浓度 2015 年的归一化均方根误差分析表明，除了保定站 24 h 的 BP 预报比 BREMPS 预报的归一化均方根误差高 0.04 外，其余站点的 24、48、72 h BP 预报比 BREMPS 和 CAUCE 的全年预报归一化均方根误差都有正的订正效果（表 8.5）。其中，河北北部的张家口、东部的唐山 BP 预报对比效果最好，24、48、72 h 的归一化均方根误差分别比 BREMPS 降低 0.15、0.22、0.44 和 0.15、0.26、0.50，而河北中南部的保定、石家庄、邢台的 BP 较 BREMPS 预报降低了 0.02～0.13 不等。总体分析而言，BP 预报模型明显减小了 PM$_{2.5}$ 浓度预报的归一化均方根误差，预报效果得到了明显改善。

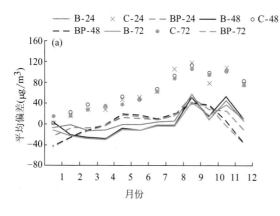

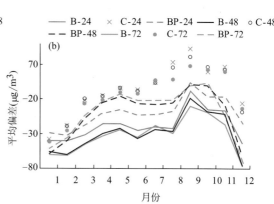

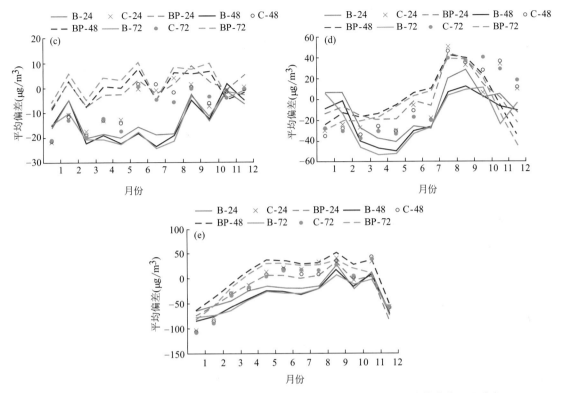

图 8.31 河北各站点 PM$_{2.5}$ 浓度 BREMPS、 CAUCE 和 BP 预报平均偏差的逐月分布

(a.石家庄；b.邢台；c.张家口；d.唐山；e.保定)

表 8.5 河北地区 PM$_{2.5}$ 浓度全年预报归一化均方根误差对比

时效	预报来源	石家庄	邢台	张家口	唐山	保定
	BREMPS	0.64	0.56	0.91	0.74	0.57
24 h	CAUCE	0.70	0.68	0.92	0.64	0.78
	BP	0.61	0.54	0.76	0.59	0.61
	BREMPS	0.91	0.85	1.00	1.00	0.82
48 h	CAUCE	0.89	0.85	0.95	0.88	0.86
	BP	0.78	0.79	0.78	0.74	0.72
	BREMPS	0.89	0.86	1.20	1.25	0.83
72 h	CAUCE	0.93	0.79	0.96	0.93	0.83
	BP	0.80	0.79	0.76	0.75	0.76

从图 8.32 中 5 个代表站的归一化均方根误差逐月的分布情况可以看出，除了张家口站之外，其余 4 个站在 9—10 月都出现了归一化均方根误差突然增大的现象，石家庄站逐月的 BREMPS 和 BP 预报 9 月的 24、48、72 h 的归一化均方根误差分别达到了 1.7、1.8、1.6 和 1.4、1.2、1.2 的年最大值，分析其原因可能是 6—8 主雨季的 PM$_{2.5}$ 浓度处于低值区，雨季过后，PM$_{2.5}$ 浓度有了一个大幅度的增强，导致模式预报出现了相对较大的误差，从而使得归一化均方根误差在 9 月出现了明显的跳跃。张家口由于特殊的地理位置，PM$_{2.5}$ 浓度受污染过程影响较为明显，一般情况下气象要素都利于污染物的扩散，PM$_{2.5}$ 浓度较低，当

出现轻度污染过程时，模式的转折性过程预报能力较差，导致过程中的均方根误差较大，因此，在归一化均方根误差逐月的分布图上就会明显地表现为上下波动。同时，从整体预报的订正效果对比看，BP人工神经网络在河北中南部地区的4站在1—8月的归一化均方根误差都较稳定，且明显低于BREMPS、CAUCE，BP预报效果在归一化均方根误差上改善十分明显。

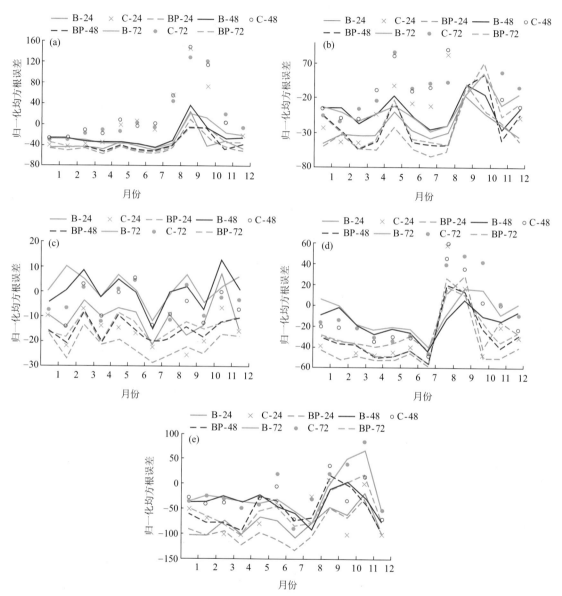

图8.32 河北各站点 PM$_{2.5}$ 浓度 BREMPS、 CAUCE 和 BP 预报归一化均方根误差的逐月分布
(a. 石家庄；b. 邢台；c. 张家口；d. 唐山；e. 保定)

BP人工神经网络在订正模式预报的发散度上，依旧有明显的优势，BP方法（表8.6）在5个站全年24～72 h的预报显示，FAC2全部高于BREMPS，在24 h的预报对比检验中，5个站的FAC2值分别达到了74.4%、78.3%、51.2%、79.6%和72.9%，极大地减小了PM$_{2.5}$预报的发散度，特别是在张家口、唐山，BP人工神经网络在72 h的FAC2值分别比BREMPS提高了33%和27.9%，订正效果显著。

表 8.6 河北地区 PM₂.₅浓度全年预报 FAC2 对比 单位:%

时效	预报来源	石家庄	邢台	张家口	唐山	保定
24 h	BREMPS	72.6	76.6	43.0	66.4	72.8
	CAUCE	65.8	69.4	45.1	74.5	56.2
	BP	74.4	78.3	84.3	79.6	72.9
48 h	BREMPS	44.1	48.3	33.9	32.2	52.5
	CAUCE	44.9	48.3	46.6	42.4	41.5
	BP	60.2	58.5	67.8	57.6	53.4
72 h	BREMPS	55.9	56.8	29.7	33.1	43.2
	CAUCE	51.7	56.8	40.7	46.6	40.7
	BP	64.4	65.3	62.7	61.0	55.4

从图 8.33 河北各站点 PM₂.₅浓度 BREMPS、CAUCE 和 BP 预报 FAC2 的逐月分布图上可以看出,BP 预报落在±2 倍偏差范围内的值,相比其他两个模式,有较大的优势。除了张家口外,BP 预报模型在 1—7 月效果最好,8—9 月的预报检验效果最差。

综上所述,利用 BP 人工神经网络技术建立的预报结果,能够有效地改善 BREMPS 模式的预报效果,在一定程度上能够减小偏差,预报落在±2 倍偏差范围内,减小预报值的发散度。在河北中、北部地区,提高效果更为明显,在污染较重的秋末、冬季、初春,BP 方法订正结果较为稳定,夏季和秋初的订正效果有一定的局限性,与过渡季节的转折性天气关系密切。

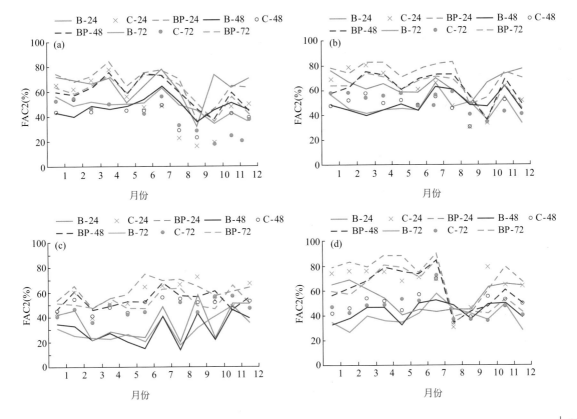

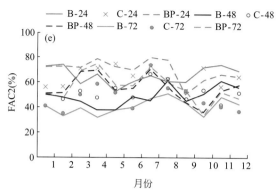

图 8.33　河北各站点 PM$_{2.5}$ 浓度 BREMPS、CAUCE 和 BP 预报 FAC2 的逐月分布
（a. 石家庄；b. 邢台；c. 张家口；d. 唐山；e. 保定）

（2）PM$_{10}$ 浓度预报检验

相对于 PM$_{2.5}$ 的全年平均预报偏差，PM$_{10}$ 浓度的全年平均偏差较大（表 8.7），BREMPS 模式 24 h 的年平均偏差在保定站达到了 -151.9 $\mu g/m^3$，最小偏差为唐山站的 -35.0 $\mu g/m^3$。BP 人工神经网络预报相对于 BREMPS 模式预报有明显改进，尤其在河北中南部污染相对较重的城市，全年预报偏差都有良好的订正能力，以邢台为例，24 h 时效的预报偏差，由 BREMPS 的 -102.9 $\mu g/m^3$，改善到 -42.0 $\mu g/m^3$。BP 人工神经网络预报方法对 PM$_{10}$ 浓度预报改善能力相比 PM$_{2.5}$ 浓度预报稳定性略有下降，如 BP 人工神经网络预报 48 h 预报时效的石家庄、72 h 预报时效的石家庄、张家口，相比 BREMPS 模式产品都出现了订正的负技巧。整体而言，BP 人工神经网络在 2015 年的预报偏差相比 BREMPS 依旧有一定的改善效果。

表 8.7　河北 PM$_{10}$ 浓度 2015 年全年预报偏差对比　　　　　单位：$\mu g/m^3$

时效	预报来源	石家庄	邢台	张家口	唐山	保定
24 h	BREMPS	-51.7	-102.9	-43.4	-35.0	-151.9
	CAUCE	-62.3	-114.4	-49.9	-83.4	-208.6
	BP	-31.1	-42.0	4.7	-15.1	-54.2
48 h	BREMPS	-35.1	-118.5	-42.3	-40.6	-169.9
	CAUCE	-61.1	-1110.4	-50.2	-81.5	-208.6
	BP	-57.3	-7.3	5.8	-33.8	-108.8
72 h	BREMPS	-52.2	-124.3	-41.3	-21.4	-160.2
	CAUCE	-410.0	-118.3	-50.4	-71.5	-212.2
	BP	-510.4	-60.5	105.3	-12.7	-89.1

从图 8.34 河北各站点 PM$_{10}$ 浓度 BREMPS、CAUCE 和 BP 预报平均偏差的逐月分布可以看出，河北 5 个代表站的 BREMPS 模式对 PM$_{10}$ 浓度的预报值都明显偏小，特别是在污染较重的河北中南部地区。BP 人工神经网络模型对整体偏小的预报或模式系统误差会有一个明显的改善和提高。从逐月的偏差看出，除了张家口的逐月平均偏差相对平稳外，其他 4 个站自 3 月开始，平均偏差都有由负值向正值转变的过程。

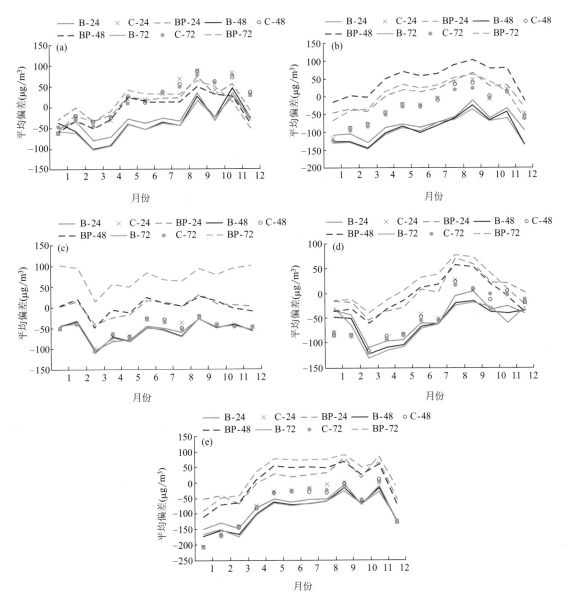

图 8.34　河北各站点 PM$_{10}$ 浓度 BREMPS、CAUCE 和 BP 预报平均偏差的逐月分布

（a. 石家庄；b. 邢台；c. 张家口；d. 唐山；e. 保定）

　　分析表明（表 8.8），在河北中南部地区，BREMPS 模式预报的 PM$_{10}$ 浓度 24 h 归一化均方根误差在 0.62～0.66，检验结果很稳定，BP 预报的归一化均方根误差在 0.45～0.56，对 BREMPS 模式有一个小幅的提升。而对张家口而言，3 种模式的对比检验结果相差不大，在 0.81～1.07。从逐月分布看（图 8.35），除了张家口外，其余站在 1—8 月的 BP 模型的归一化均方根误差都是最优的，8—9 月河北所有站点都出现了归一化均方根误差的增强区，同时 BP 模型在这两个月中的订正能力出现了负技巧，这在应用中需关注。

表 8.8　河北地区 PM_{10} 浓度全年预报归一化均方根误差对比

时效	预报来源	石家庄	邢台	张家口	唐山	保定
	BREMPS	0.63	0.62	1.05	0.66	0.65
24 h	CAUCE	0.65	0.72	1.07	0.69	0.86
	BP	0.56	0.51	0.81	0.52	0.45
	BREMPS	0.80	0.82	1.03	0.88	0.83
48 h	CAUCE	0.78	0.82	1.03	0.82	0.90
	BP	0.70	0.65	0.73	0.63	0.68
	BREMPS	0.78	0.83	1.08	1.01	0.83
72 h	CAUCE	0.77	0.78	1.03	0.83	0.89
	BP	0.66	0.67	0.78	0.61	0.65

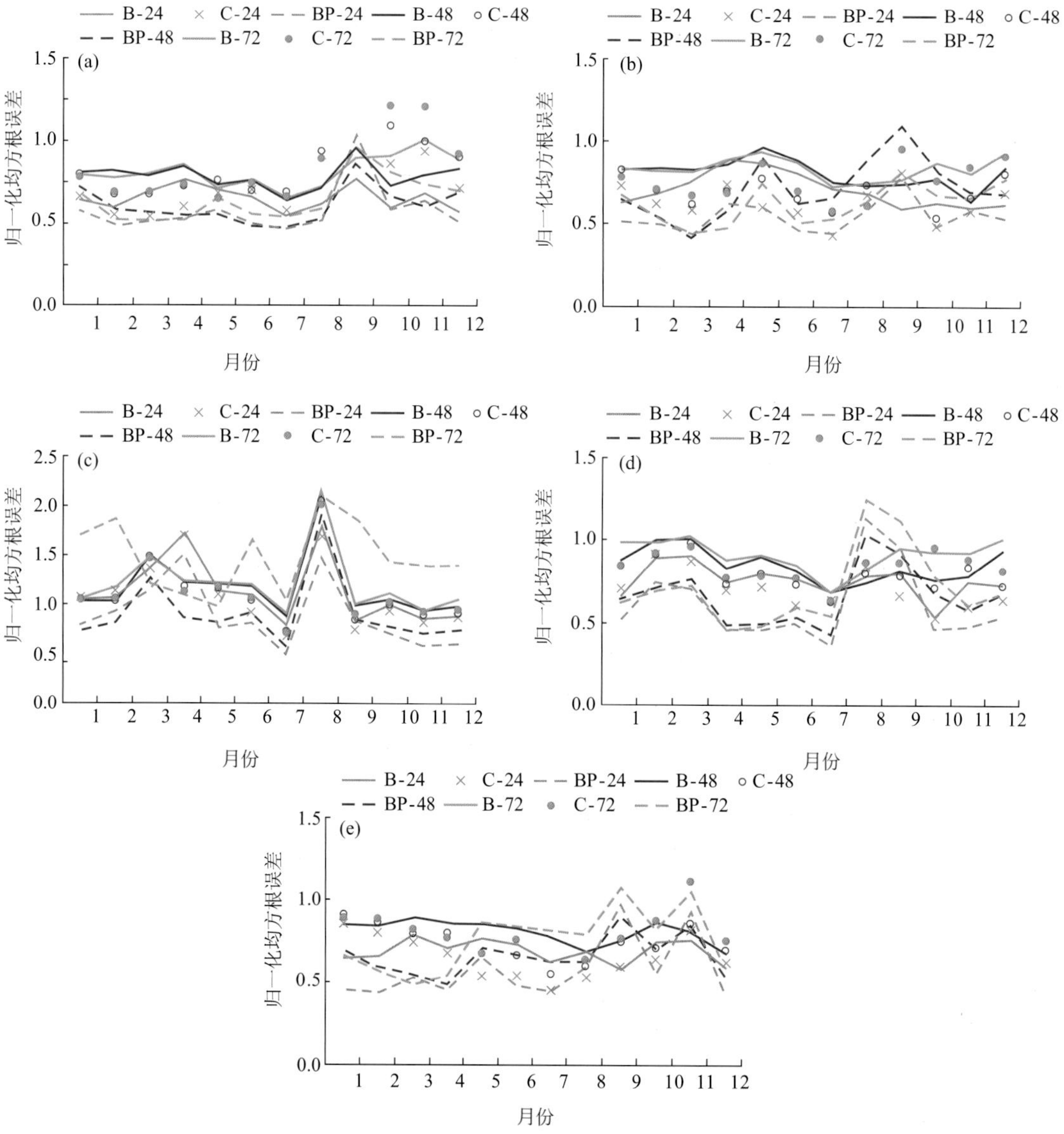

图 8.35　河北各站点 PM_{10} 浓度 BREMPS、CAUCE 和 BP 预报归一化均方根误差的逐月分布

（a. 石家庄；b. 邢台；c. 张家口；d. 唐山；e. 保定）

不论是从全年预报 FAC2（表 8.9），还是逐月的落在 ±2 倍偏差范围内值（图 8.36），BP 模型都明显提高了 PM$_{10}$ 浓度预报的检验效果，石家庄、邢台、张家口、唐山和保定 24 h 时效落在 ±2 倍偏差范围内的百分比分别达到了 78.2%、71.7%、39.7%、71.4% 和 56.0%，预报值的发散度明显减小。逐月的 FAC2 分布上，BP 模型除了 8 月和 9 月的预报 FAC2 值都明显高于 BREMPS 模式外，其他月份预报效果都得到明显改善。

表 8.9 河北地区 PM$_{10}$ 浓度全年预报 FAC2 的对比

时效	预报来源	石家庄	邢台	张家口	唐山	保定
24 h	BREMPS	68.4	65.5	25.5	60.9	46.8
	CAUCE	73.1	60.9	23.4	56.2	27.7
	BP	78.2	81.7	61.7	83.4	86.0
48 h	BREMPS	51.7	49.2	36.4	41.5	50.8
	CAUCE	45.8	53.4	39.8	48.3	33.9
	BP	65.3	69.5	57.6	70.3	62.7
72 h	BREMPS	57.6	54.2	28.0	40.0	41.5
	CAUCE	58.5	50.8	30.5	44.1	28.8
	BP	68.6	73.7	31.4	72.0	68.6

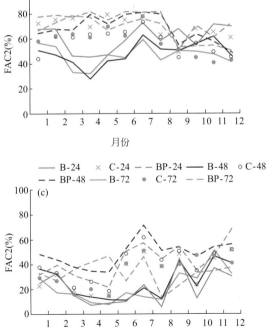

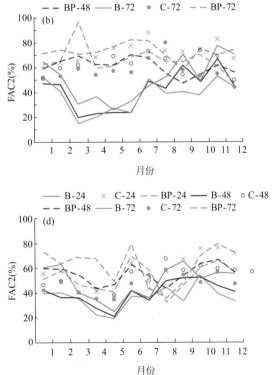

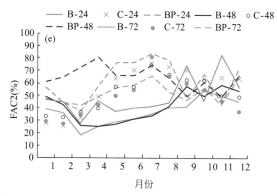

图 8.36　河北各站点 PM$_{10}$ 浓度 BREMPS、CAUCE 和 BP 预报 FAC2 的逐月分布

（a. 石家庄；b. 邢台；c. 张家口；d. 唐山；e. 保定）

综上所述，多模式集成的 BP 模型对 PM$_{10}$ 浓度预报效果优于 BREMPS 预报，可以有效地减小模式的系统误差。但 BP 人工神经网络对 PM$_{10}$ 浓度的极值很难预报出来，体现在浓度偏差上就是 3 种模式的预报偏差全部为负值，且偏差较大。

（3）O$_3$ 浓度预报检验

由于 O$_3$ 浓度与光照、温度等因素关系密切。夏季、秋初，河北北部的张家口、唐山的 O$_3$ 浓度相比河北中南部地区要高，因此，对 O$_3$ 浓度的分析，重点以张家口、唐山为代表站，将 5—8 月作为主要研究时段，进行对比检验。

从张家口、唐山两站的平均偏差分析（图 8.37），BREMPS 模式和 BP 模型的预报走势

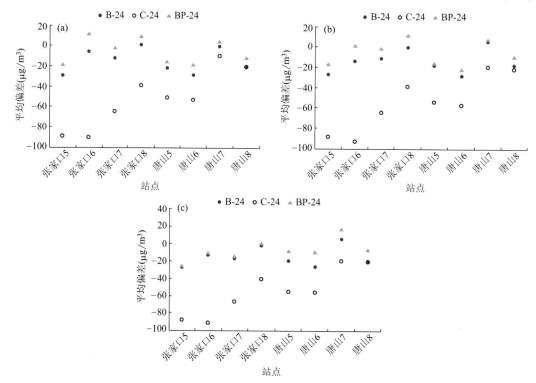

图 8.37　张家口和唐山 O$_3$ 浓度 BREMPS、CAUCE 和 BP 5—8 月预报平均偏差分布

（a. 24 h；b. 48 h；c. 72 h）

是一致的，但 3 种方法的预报偏差值都为负值，表明对 O_3 浓度的极值预报效果较差，在系统误差的基础上，BP 模型对其订正后，从 24、48 h 到 72 h，除了张家口 8 月、唐山 7 月是负的效果外，其他月份都是正的订正效果，表明 BP 模型对 BREMPS 模式的系统误差订正是有正的效果。

从图 8.38 的归一化均方根误差的逐月分布上可以明显看出，BREMPS 模式和 BP 模型的预报走势几乎一致，归一化均方根误差相差特别小，都明显优于 CACUE 模式。

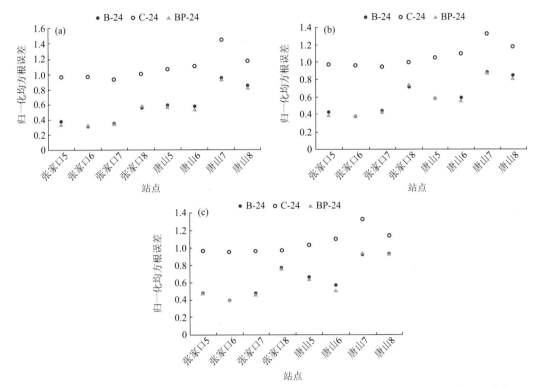

图 8.38　张家口和唐山 O_3 浓度 BREMPS、CAUCE 和 BP 5—8 月预报归一化均方根误差分布

（a. 24 h；b. 48 h；c. 72 h）

从图 8.39 可知，BREMPS 模式和 BP 模型预报值落在 ±2 倍偏差范围内的值都在 60% 以上，相差较小，特别是在 24 h 时效预报，5—8 月的 FAC2 值都达到了 92% 以上，可见 BREMPS 模式和 BP 模型对 O_3 浓度预报能力还是相当可靠的。

（4）典型重污染过程预报效果检验

2016 年年初，我国中东部地区多次出现大范围以细颗粒物为主的重污染过程。2016 年 3 月 2 日和 3 月 16 日，河北省两次发布了重污染天气预警。为了检验集成预报模型对污染过程 $PM_{2.5}$ 浓度的预报能力，对 2016 年 1—3 月进行试报，重点给出了 3 月的预报结果（图 8.40～8.42）。结果表明，基于 BP 人工神经网络技术的模型能够有效提高重污染过程的预报效果。

2016 年年初的几个月份中 3 月空气质量最差。一方面，该月污染过程多；另一方面，污染程度较重，尤其是河北中南部地区。以邢台站为例，BREMPS 模式 24 h 预报对于 15—20 日污染过程的峰值浓度预报偏低明显，而 20—22 日对于细颗粒物浓度又明显偏高；分析 BP 集成预报模型计算得到的浓度发现，不管是 BREMPS 模式预报浓度偏低或偏高的时段，集

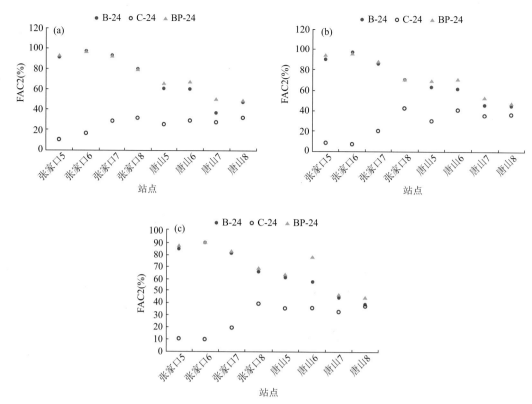

图 8.39 张家口和唐山 O_3 浓度 BREMPS、CAUCE 和 BP 5—8 月预报 FAR2 分布

（a. 24 h；b. 48 h；c. 72 h）

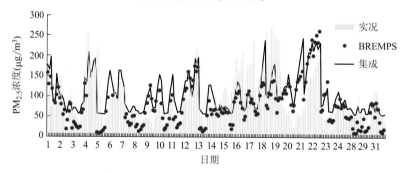

图 8.40 2016 年 3 月逐日 $PM_{2.5}$ 浓度实况、BREMPS 和集成模型 24 h 预报

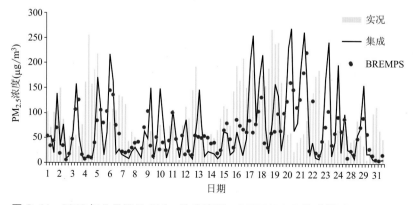

图 8.41 2016 年 3 月逐日 $PM_{2.5}$ 浓度实况、BREMPS 和集成模型 48 h 预报

成预报均有不同程度的校正。如 19 日 02 时监测到的 $PM_{2.5}$ 小时平均浓度为 239.5 $\mu g/m^3$，BREMPS 模式预报 139 $\mu g/m^3$，集成模型预报 180 $\mu g/m^3$；22 日 17 时监测到的 $PM_{2.5}$ 小时平均浓度为 205.3 $\mu g/m^3$，BREMPS 模式预报 260 $\mu g/m^3$，集成模型预报 236 $\mu g/m^3$，可见利用集成预报模型计算得到的浓度更接近实况。因此，借助集成预报技术有可能在一定程度上改善 BREMPS 模式对于污染过程浓度预报偏差的情况。

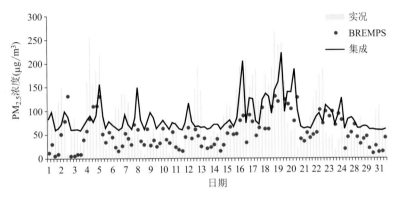

图 8.42　2016 年 3 月逐日 $PM_{2.5}$ 浓度实况、BREMPS 和集成模型 72 h 预报

8.5
本章小结

　　本章对霾天气下污染物及气象要素的特征进行分级统计，通过合成分析和诊断分析提炼了霾的天气学概念模型，对霾的消散条件进行了分析，给出了霾的预报思路和客观预报方法，主要得到以下结论：

　　(1) 河北霾的强度与空气质量指数密切相关，随着霾强度增大，空气质量明显变差，在河北平原地区表现最为明显，重度霾一般会伴随区域性的空气严重污染，首要污染物主要为 $PM_{2.5}$。随着霾强度增强，气象要素特征为：平均海平面气压升高，湿度增大，24 h 变压高频区间集中在 $-1 \sim 1$ hPa，2 m 气温集中在 0 ℃上下。

　　(2) 发生霾时，500 hPa 以纬向环流为主，850 hPa 存在暖温度脊，大气低层存在逆温。不同强度霾的主要差别体现在湿度的垂直分布、逆温强度和高度以及行星边界层高度上。对流层中层相对湿度越小，越有利于霾发展，随着霾强度增强，平均逆温强度加大，混合层高度降低。将河北省霾地面天气形势分为西北高压型、入海高压后部型和低压型（均压场型）3 种。边界层厚度、地表通风系数与霾的强度相关较好，对霾的预报具有较好的指示意义。受太行山地形影响，河北省中南部地区地面风场具有明显的山谷风特征，白天吹谷风，为东南风，夜间吹山风，风向转为西北风，转换的时间白天在 13 时前后，晚上在 23 时前后，地面辐合线可从 00 时维持到 11 时前后。静稳天气形势下，地面辐合线有助于霾天气的形成和维持，但地面辐合线并不直接决定霾天气的强度。

　　(3) 大雨及以上量级降水对细粒子有最为彻底的清除作用，降雪对 $PM_{2.5}$ 浓度的清除作用要明显小于降雨，风对细粒子浓度清除最明显，较强的偏南风对空气质量的改善持续时间短，而系统性北风对细粒子的清除率最高，对空气质量的改善最为彻底。在大的环流背景未发生明显改变的情况下，太行山东麓"焚风"带来湿度的快速下降，进而引起水平能见度迅速上升，对局部霾天气的减弱和$PM_{2.5}$浓度变小有明显作用，焚风现象向平原水平推进的距离大概为 25 km，垂直影响的高度在 1 km 以下。

（4）霾的预报除了考虑天气条件、大气层结等外，还需分析其累积性、区域传输、持续性、排放源及地形作用等。静稳天气形势破坏，带来气象条件转好才能将霾彻底驱散。采用BP 人工神经网络法建立污染物集成预报系统，经检验，较单一模式预报结果具有较好的订正作用。

参考文献

陈林，牛生杰，仲凌志，2006.MODIS 监测雾的方法及分析 [J].南京气象学院学报，29（4）：448-454.

陈晓红，方翀，2005.安徽省县级大雾预报业务系统 [J].气象，31（4）：61-64.

董剑希，2005.雾的数值模拟研究及其综合观测 [D].南京：南京信息工程大学.

董剑希，雷恒池，胡朝霞，等，2006.北京及其周边地区一次大雾的数值模拟及诊断分析 [J].气候与环境
  研究，11（2）：175-184.

樊琦，王安宇，范绍佳，等，2004.珠江三角洲地区一次辐射雾的数值模拟研究 [J].气象科学，24（1）：1-8.

傅刚，王菁茜，张美根，等，2004.一次黄海海雾事件的观测与数值模拟研究——以 2004 年 4 月 11 日为例
  [J].中国海洋大学学报，34（5）：720-726.

官莉，顾松山，火焰，等，2003.大气波导形成条件及传播路径模拟 [J].南京气象学院学报，26（5）：
  631-637.

侯伟芬，王家宏，2004.浙江沿海海雾发生规律和成因浅析 [J].东海海洋，22（2）：9-12.

胡晓华，费建芳，张翔，等，2007.气象条件对大气波导的影响 [J].气象科学，27（3）：349-354.

黄建平，朱诗武，朱彬，1998.辐射雾的大气边界层特征 [J].南京气象学院学报，21（2）：254-265.

江敦双，张苏平，陆惟松，2008.青岛海雾的气候特征和预测研究 [J].海洋湖沼通报（3）：7-12.

蒋大凯，闵锦忠，陈传雷，等，2007.辽宁省区域性大雾预报研究 [J].气象科学，27（5）：578-583.

康志明，尤红，郭文华，等，2005.2004 年冬季华北平原持续大雾天气的诊断分析 [J].气象，31（12）：
  51-56.

李法然，周之羽，陈卫锋，等，2005.湖州市大雾天气的成因分析及预报研究 [J].应用气象学报，16（6）：
  794-803.

李江波，候瑞钦，孔凡超，2010.华北平原连续性大雾的特征分析 [J].中国海洋大学学报，40（7）：
  15-23.

李江波，沈桐立，侯瑞钦，等，2007.华北平原一次大雾天气过程的数值模拟研究 [J].南京气象学院学报，
  30（6）：820-827.

李江波，赵玉广，孔凡超，等，2010.华北平原连续性大雾的特征分析 [J].中国海洋大学学报（自然科学
  版），40（7）：15-23.

李子华，2012.雾的类型、特征及消雾试验 [J].现代物理知识，24（5）：34-40.

梁军，李燕，2000.大连及其近海海雾分析 [J].辽宁气象（1）：5-8.

廖晓农，张小玲，王迎春，等，2014.北京地区冬夏季持续性雾-霾发生的环境气象条件对比分析 [J].环境
  科学，35（6）：2031-2044.

刘德，李永华，于桥，等，2005.基于客观分析的重庆雾的 BP 神经元网络预报模型研究 [J].气象科学，25
  （3）：293-298.

马学款，蔡芗宁，杨贵名，等，2007.重庆市区雾的天气特征分析及预报方法研究 [J].气候与环境研究，
  12（6）：795-803.

毛冬艳，杨贵名，2006.华北平原雾发生的气象条件 [J].气象，32（1）：78-83.

彭双姿，刘从省，屈右铭，等，2012.一次大范围辐射雾天气过程的观测和数值模拟分析 [J].气象，38
  （6）：679-687.

濮梅娟，2001.西双版纳地区雾的物理过程研究 [J].气象科学，21（4）：425-431.

曲平，解以扬，刘丽丽，等，2014.1988—2010 年渤海湾海雾特征分析 [J].高原气象，33（1）：285-293.

任遵海，孙学金，顾亚进，等，2000.江面平流雾的数值研究 [J].气象科学，20（2）：190-193.

石春娥，曹必铭，李子华，等，1996.复杂地形上三维局地环流的模拟研究 [J].南京气象学院学报，19（3）：320-328.

石春娥，杨军，孙学金，等，1997.重庆雾的三维数值模拟 [J].南京气象学院学报，20（3）：308-317.

石红艳，王洪芳，齐琳琳，等，2005.长江中下游地区一次辐射雾的数值模拟 [J].解放军理工大学学报（自然科学版），6（4）：404-408.

史月琴，邓雪娇，胡志晋，2006.一次山地浓雾的三维数值研究 [J].热带气象学报，22（4）：351-359.

司鹏，高润祥，2015.天津雾和霾自动观测与人工观测的对比评估 [J].应用气象学报，26（2）：240-246.

苏鸿明，1998.台湾海峡海雾的气候分析 [J].台湾海峡，17（1）：25-28.

孙奕敏，1994，灾害性浓雾 [M].北京：气象出版社.

谭浩波，陈欢欢，吴兑，等，2010.Model 6000 型前向散射能见度仪性能评估及数据订正 [J].热带气象学报，26（6）：688-693.

吴兑，2006.再论都市霾与雾的区别 [J].气象，32（4）：9-15.

吴兑，吴晓京，李菲，等，2011.中国大陆 1951—2005 年雾与轻雾的长期变化 [J].热带气象学报，27（2）：145-151.

吴华斌，黄小丹，莫春玲，2015.M6000 型能见度仪与人工观测能见度差值分析 [J].气象科技，43（4）：595-600.

严文莲，刘端阳，濮梅娟，等，2010.南京地区雨雾的形成及其结构特征 [J].气象，36（10）：29-36.

姚展予，赵柏林，李万彪，等，2000.大气波导特征分析及其对电磁波传播的影响 [J].气象学报，58（5）：605-616.

张培昌，杜秉玉，戴铁丕，2001.雷达气象学 [M].北京：气象出版社.

张苏平，鲍献文，2008.近十年中国海雾研究进展 [J].中国海洋大学学报（5）：359-366.

赵瑞金，李江波，2010.一次华北平原大雾天气 CINRAD/SA 雷达超折射回波的射线追踪分析 [J].气象，36（2）：62-69.

赵习方，徐晓峰，王淑英，等，2002.北京地区低能见度区域分布初探 [J].气象，28（11）：55-58.

赵玉广，李江波，康锡言，2004.用 PP 方法做河北省雾的分县预报 [J].气象，30（6）：43-47.

浙江金华地区气象台雷达组，1979.超折射回波与未来降水 [J].气象，5（12）：32-33.

中国气象局，2003.地面气象观测规范 [M].北京：气象出版社：21-27.

朱乾根，林锦瑞，寿绍文，等，1992.天气学原理和方法 [M].北京：气象出版社：410-414.

朱乾根，林锦瑞，寿绍文，等，2000.天气学原理和方法（第三版）[M].北京：气象出版社：307.

宗晨，钱玮，包云轩，等，2019.江苏省夏季浓雾的时空分布特征及气象影响因子分析 [J].气象，45（7）：968-977.

邹进上，刘长盛，刘文保，1982.大气物理基础 [M].北京：气象出版社：6.

BALLARD S P，GOLDING B W，SMITH R N B，1991. Mesoscale model experimental forecast of the haar of northeast Scotland [J]. Mon Wea Rev，119：2107-2123.

BERGOT T，GUEDALIA D，1994. Numerical forecasting of radiation fog. Part I：Numerical model and sensitivity tests [J]. Mon Wea Rev，122：1218-1230.

BYERS H R，1959. General Meteorology. Third Ed [M]. New York：McGraw Hill.

CHO Y-K，KIM M-O，KIM B-C，2000. Sea fog around the Korean Peninsula [J]. J Appl Meteor，39：2473-2479.

COTTON W R，ANTHES R A，1993.风暴和云动力学 [M].叶家东，等，译.北京：气象出版社：331-342.

CROFT P J，PFOST R，MEDLIN J，et al，1997. Fog forecasting for the Southern Region：A conceptual model approach [J]. Wea Forecasting，12：545-556.

DUYNKERKE P G，1999. Turbulence，radiation and fog in Dutch stable boundary layers [J]. Bound Layer Meteor，90：447-477.

FINDLATER J，1985. Field investigations of radiation fog formation at outstations [J]. Meteor Mag，114：187-201.

FINDLATER J，ROACH W T，MCHUGH B C，1989. The Haar of North-East Scotland [J]. Quart J Roy Meteor Soc，115：581-608.

FISHER E L，CAPLAN P，1963. An experiment in the numerical prediction of fog and stratus [J]. J Atmos Sci，20 (5)：425-437.

FITZJARRALD D R，LALA G G，1989. Hudson Valley Fog Environments [J]. J Appl Meteor，28：1303-1328.

GEORGE J J，1940a. Fog：Its causes and forecasting with special reference to eastern and southern United States (I) [J]. Bull Am Meteor Soc，21：135-148.

GEORGE J J，1940b. Fog：Its causes and forecasting with special reference to eastern and southern United States (I) [J]. Bull Am Meteor Soc，21：261-269.

GEORGE J J，1940c. Fog：Its causes and forecasting with special reference to eastern and southern United States (I) [J]. Bull Am Meteor Soc，21：285-291.

HOLETS S，SWANSON R N，1981. High-inversion fog episodes in Central California [J]. J Appl Meteor，20：890-899.

KLEIN S A，HARTMANN D L，1993. The seasonal cycle of low stratiform clouds [J]. J Climate，6：1587-1606.

LALA G G，MANDEL E，JIUSTO J E，1975. A numerical investigation of radiation fog variables [J]. J Atmos Sci，32：720-728.

LI Zihua，SHI Chune，1997. 3D model study on fog over complex terrain part I：numerical study [J]. Acta Meteor Sinica，10 (1)：493-506.

PETTERSSEN S，1969. Introduction to Meteorology，Third Edition [M]. New York：McGraw-Hill Publ Inc.

PILIE R J，MACK E J，KOCMOND W C，et al，1975. The life cycle of valley fog. Part I：Micrometeorological characteristics [J]. J Appl Meteor，14：347-363.

QKLAND H，GOTAAS Y，1995. Modelling and prediction of steam fog [J]. Beitr Phys Atmos，68：121-131.

ROACH W T，1994. Back to basics：Fog：Part 1—Definitions and basic physics [J]. Weather，49：411-415.

ROACH W T，1995a. Back to basics：Fog：Part 2—The formation and dissipation of land fog [J]. Weather，50：7-11.

ROACH W T，1995b. Back to basics：Fog：Part 3—The formation and dissipation of sea fog [J]. Weather，50：80-84.

ROACH W T，BROWN R，1976. The physics of radiation fog：2-D numerical study [J]. Quart J R Meteor Soc，102 (432)：335-354.

RYZNAR E，1977. Advection-radiation fog near Lake Michigan [J]. Atmos Environ，11：427-430.

SAUNDERS P M，1964. Sea smoke and steam fog [J]. Quart J Roy Meteor Soc，90：156-165.

TAYLOR G I，1917. The formation of fog and mist [J]. Quart J Roy Meteor Soc，43：241-268.

TURTON J D，BROWN R，1987. A comparison of a numerical model of radiation fog with detailed observations [J]. Quart J Roy Meteor Soc，113：37-54.

UNDERWOOD S J，ELLROD G P，KUHNERT A L，2004. A multiple-case analysis of nocturnal radiation-fog development in the central valley of California utilizing the GOES nighttime fog product ［J］. J Appl Meteor，43：297-311.

WILLETT H C，1928. Fog and haze，their causes，distribution，and forecasting ［J］. Mon Wea Rev，56：435-468.

ZDUNKOWSKI W G，NIELSON B C，1969. A preliminary predication analysis of radiation fog ［J］. Pure Appl Geophys，75 （1）：278-299.

说明：

1.大雾个例取自河北省气象台灾害性天气个例库。

2.雾、浓雾、强浓雾标准：雾，$vis \leqslant 1\ km$；浓雾，$vis \leqslant 0.5\ km$；强浓雾，$vis \leqslant 0.05\ km$。

3.雾区分布图：橙色代表雾、红色代表浓雾、棕色代表强浓雾。

4.天气图为雾日08时500 hPa、850 hPa、地面和探空图。

5.大雾类型标有"?"的表示不确定。

日期	雾站数	浓雾站数	强浓雾站数	大雾类型	雾区分布	500 hPa	850 hPa	地面	探空
2011-10-09	42	29	1	雨雾					
2011-10-10	37	45	2	辐射雾					
2011-10-21	23	42	16	辐射雾					
2011-10-22	26	42	27	辐射雾					
2011-10-29	17	43	18	平流辐射雾					
2011-10-30	34	47	19	平流辐射					

续表

日期	雾站数	浓雾站数	强浓雾站数	大雾类型	雾区分布	500 hPa	850 hPa	地面	探空
2011-11-16	28	44	6	平流辐射（东北部）、雨雾（中南部）					
2011-11-30	31	82	11	辐射雾（雪后）					
2011-12-03	51	88	21	辐射雾（雪后）					
2011-12-04	30	55	15	平流辐射雾					
2011-12-28	17	32	14	辐射雾					
2012-01-01	26	46	11	辐射雾					
2012-01-09	30	31	8	辐射雾					
2012-01-10	31	75	47	辐射雾					
2012-08-19	15	43	6	雨后辐射雾					

续表

日期	雾站数	浓雾站数	强浓雾站数	大雾类型	雾区分布	500 hPa	850 hPa	地面	探空
2012-09-09	14	30	4	辐射雾					
2013-01-12	32	60	14	平流辐射雾					
2013-01-14	33	50	4	平流辐射雾（白天平流为主）					
2013-01-16	29	42	3	辐射雾					
2013-01-22	45	89	20	辐射雾（雪后）					
2013-01-23	24	39	2	平流辐射雾					
2013-01-24	9	62	12	辐射雾					
2013-01-27	36	39	1	辐射雾					
2013-01-28	40	64	2	平流辐射雾					

续表

日期	雾站数	浓雾站数	强浓雾站数	大雾类型	雾区分布	500 hPa	850 hPa	地面	探空
2013-01-30	45	34	2	平流雾					
2013-01-31	44	73	6	平流雾					
2013-02-06	27	33	5	雪后平流辐射雾					
2013-02-12	14	39	6	雪后辐射雾					
2013-02-16	45	60	4	平流辐射雾（下午平流雾）					
2013-02-17	21	39	5	平流辐射雾					
2013-02-22	11	37	25	辐射雾					
2013-02-27	26	50	11	辐射雾					
2013-02-28	41	58	9	平流辐射雾					

日期	雾站数	浓雾站数	强浓雾站数	大雾类型	雾区分布	500 hPa	850 hPa	地面	探空
2013-04-20	12	39	1	雪后辐射雾					
2013-04-24	10	31	8	雨后辐射雾					
2013-10-06	28	30	7	辐射雾					
2013-12-07	50	71	23	辐射雾平流雾					
2013-12-08	27	45	6	平流雾					
2014-01-11	28	35	19	辐射雾					
2014-01-15	48	52	16	平流辐射雾					
2014-01-16	54	73	18	平流辐射雾					
2014-02-01	43	34	1						

续表

日期	雾站数	浓雾站数	强浓雾站数	大雾类型	雾区分布	500 hPa	850 hPa	地面	探空
2014-04-18	30	39	2						
2014-09-18	16	43	3	辐射雾					
2014-09-19	26	55	2	辐射雾					
2014-10-05	29	45	5	雨后辐射雾					
2014-10-09	44	34	1	辐射雾					
2014-10-10	38	30	9	平流辐射雾					
2014-10-11	32	52	13	平流雾					
2014-10-20	27	45	11	平流辐射雾					
2014-10-24	40	53	9	平流辐射雾					

日期	雾站数	浓雾站数	强浓雾站数	大雾类型	雾区分布	500 hPa	850 hPa	地面	探空
2014-10-25	28	76	24	平流辐射雾					
2014-11-21	47	37	6	辐射雾					
2014-11-26	53	46	14	平流辐射雾					
2014-11-29	51	58	2	平流雾					
2015-01-15	42	69	14	辐射雾					
2015-01-16	19	32	9	辐射雾					
2015-01-26	41	55	6	平流辐射雾					
2015-12-23	42	129	19	辐射雾					
2016-01-03	49	81	10	辐射雾					

续表

日期	雾站数	浓雾站数	强浓雾站数	大雾类型	雾区分布	500 hPa	850 hPa	地面	探空
2016-02-12	135	102	6	平流雾					
2016-07-22	64	62	0	平流雾					
2016-10-17	77	87	8	辐射雾					
2016-10-18	64	55	4	平流雾					
2016-10-19	62	60	14	平流辐射雾					
2016-11-04	91	112	19	辐射雾					
2016-11-05	45	53	10	平流辐射雾					
2016-11-13	112	121	33	平流雾					
2016-11-14	41	59	32	辐射雾					

日期	雾站数	浓雾站数	强浓雾站数	大雾类型	雾区分布	500 hPa	850 hPa	地面	探空
2016-11-18	107	99	0	辐射雾				资料缺失	
2016-12-04	84	106	44	辐射雾					
2016-12-19	24	103	84	辐射雾					
2016-12-31	62	149	53	辐射雾					
2017-01-01	61	103	4	平流辐射雾					
2017-01-02	60	67	11	辐射雾					
2017-01-03	47	143	21	辐射雾					
2017-01-04	48	31	3	平流辐射雾					
2017-01-05	52	57	0	辐射雾					

续表

日期	雾站数	浓雾站数	强浓雾站数	大雾类型	雾区分布	500 hPa	850 hPa	地面	探空
2017-02-04	69	36	2	辐射雾					
2017-02-22	55	51	0	辐射雾					
2017-03-25	68	66	3	辐射雾					
2017-04-06	63	61	2	辐射雾					
2017-04-20	40	40	3	辐射雾					
2017-05-04	43	37	0	辐射雾					
2017-07-30	42	36	0	辐射雾					
2017-07-31	39	34	1	辐射雾					
2018-10-16	58	42	9	雨雾(北部)辐射雾					

日期	雾站数	浓雾站数	强浓雾站数	大雾类型	雾区分布	500 hPa	850 hPa	地面	探空
2018-11-12	54	39	2	平流辐射雾					
2018-11-13	115	146	46	平流辐射雾					
2018-11-14	42	43	8	平流辐射雾					
2018-11-22	43	39	4	辐射雾					
2018-11-26	96	114	47	平流辐射雾					
2019-12-07	118	156	9	辐射雾					
2019-12-08	66	55	2	平流辐射雾					
2019-12-09	92	102	8	辐射雾					
2019-12-10	55	63	10	平流辐射雾					

续表

日期	雾站数	浓雾站数	强浓雾站数	大雾类型	雾区分布	500 hPa	850 hPa	地面	探空
2019-12-16	89	58	2	平流雾?（有降雪，可能降雪导致能见度下降，被误判）					
2019-12-17	51	60	7	辐射雾					
2019-12-21	56	63	6	辐射雾					